Miguel Delibes de Castro

Gracias a la vida

imago mundi

Miguel Delibes de Castro

Gracias a la vida

La naturaleza indispensable

Ediciones Destino Colección Imago Mundi **Volumen 372**

Ediciones Destino, un sello editorial de Editorial Planeta, S. A.
Avda. Diagonal, 662-664, 08034 Barcelona (España)
www.planetadelibros.com
www.edestino.es

Primera edición: octubre de 2024
ISBN: 978-84-233-6582-1
Depósito legal: B. 15.404-2024
Composición: Realización Planeta
Impresión y encuadernación: Rotoprint by Domingo, S. L.
Printed in Spain - Impreso en España

A mis compañeros y amigos de la Estación Biológica de Doñana del CSIC y de la Sociedad Española para la Conservación y Estudio de los Mamíferos (SECEM), que me han acompañado y enseñado, sin fallarme, durante los últimos 52 y 33 años, respectivamente.

Las contribuciones de la biodiversidad y la naturaleza a las personas son nuestro patrimonio común y el sistema de seguridad más importante para la vida de la humanidad.

Sandra M. Díaz, de la Plataforma Intergubernamental sobre Diversidad Biológica y Servicios de los Ecosistemas (IPBES) y la Universidad Nacional de Córdoba, Argentina. Premio Princesa de Asturias de Investigación Científica y Técnica 2019

El exilio del Edén nos permite reflexionar sobre nuestros orígenes y nuestras relaciones con otras criaturas, sobre el bien y sobre el mal y, en último término, sobre la posibilidad de que estemos provocando nuestra propia extinción.

Biruté M. F. Galdikas, *Reflejos del Edén. Mis años con los orangutanes de Borneo*

ÍNDICE

A MODO DE JUSTIFICACIÓN

(Un planeta acogedor porque está vivo)

Violeta del Carmen Parra Sandoval, la gran Violeta Parra, compositora y cantante chilena y universal, lanzó en 1966 su último disco, grabado con sus hijos, cuya primera canción se titulaba *Gracias a la vida*. Hoy cualquiera la conoce, todos la hemos oído alguna vez, pues forma parte del paisaje musical de nuestras vidas. No en vano ha sido versionada por decenas o cientos de enormes artistas, como Cecilia, Mercedes Sosa, Alberto Cortez, Joan Baez, Raphael, Plácido Domingo, Chavela Vargas, María Dolores Pradera, Laura Pausini y muchísimos muchísimos más. «Gracias a la vida, que me ha dado tanto», comienza cada una de las estrofas, y la última se remata con la misma frase. El bellísimo texto festeja la capacidad de vivir y disfrutar de la autora y, de rebote, de cualquier ser humano. Agradece a la existencia haberle brindado la vista y el oído, la posibilidad de hablar y caminar, de sentir y de amar, agradece «el fruto del cerebro humano», la risa y el llanto... Se ha etiquetado la canción como himno humanista, y lo es. Pero se queda en lo humano. Violeta no pensó al escribirla, por más que mencionara grillos y canarios, que la vida era mucho más extensa que nosotros, que existía mucha vida alrededor a la que debemos, en gran medida, el bienestar que encomiaba. Es lógico que lo obviara. En los sesenta del siglo pasado a nadie se le ocurrían esas cosas, y todavía hoy la mayor parte de la gente no es consciente de ello.

Han transcurrido cuatro lustros (¡parece mentira!) desde que mi padre, el novelista Miguel Delibes, me telefoneó a Sevilla, donde vivo, para proponerme con cierta timidez que escribiéramos un libro juntos. «Sé que estás muy ocupado, de ninguna forma te sientas en la obligación de hacerlo. Pero quiero que sepas que me gustaría. Piénsalo y me contestas cuando puedas.» No le dejé colgar. Él tenía entonces ochenta y tres años, le habían operado varias veces de un cáncer y sus distintas secuelas («soy un eterno convaleciente», solía decir), y le faltaban ánimo y fuerzas para casi cualquier cosa, así que el mero hecho de que anhelara algo me impelía a ayudarle. Además, si a él le hacía ilusión mucha más me hacía a mí publicar a su lado, aunque me costara imaginar de dónde íbamos a sacar el tiempo y la manera de generarlo. «No necesito pensarlo —le respondí—, por supuesto que haremos ese libro; ya veremos cómo y cuándo, pero mis vacaciones de verano pueden ser una buena opción.» El resultado, unos meses después, fue *La Tierra herida*, una conversación trasladada al papel donde repasábamos los problemas ambientales globales.

Hablando con Miguel Delibes constaté lo difícil que resultaba, incluso para personas sensibles y formadas, como él, valorar adecuadamente la biodiversidad, la plétora de seres vivos. Habíamos comentado sobre el calentamiento global, el adelgazamiento de la capa de ozono, la desigualdad y la injusticia ambiental, el incremento de la población humana y del consumo, la contaminación, etc., y todo ello le había interesado e inquietado. Pero cuando tocamos la pérdida de biodiversidad, el exterminio de poblaciones animales y vegetales, su actitud cambió: «Mira, hijo, comprendo que te disguste la extinción del lince y que trabajes para evitarla, también me disgusta a mí; pero no puedes comparar su gravedad con la de los otros asuntos que hemos tratado; la desaparición de especies es muy triste pero no dramática, no creo que nos afecte demasiado». Llegó a pedirme que elimináramos esa parte del libro, y como yo me negara a hacerlo (argumentando, entre otras cosas, que era lo único que conocía de primera mano), a la hora de comer transmitía, lastimero, su queja a mis hermanos: «Miguel se empeña en hablar de plantas y animales, que no digo que no lo merezcan, pero desdibujan el escenario trágico hacia el que nos encaminamos; el libro perderá interés».

Ya entonces me dije que tenía que convencerlo, que debía escribir *Gracias a la vida*, un texto agradeciendo sus aportaciones a toda la naturaleza, a esa diversidad de vida que nos acompaña y hace amigable, y posible, nuestra existencia en este planeta (ese pequeño punto azul pálido, visto desde el espacio, que, como nos recordó Carl Sagan, es «el único hogar que hemos conocido»). Debía contarlo. Se lo merecían mi padre y todas las personas inquietas por el devenir del mundo que son, pese a ello, poco conscientes de que la crisis de biodiversidad es una crisis de humanidad. Pero pasó el tiempo y no lo hice. Solo cuando la pandemia del COVID-19 nos forzó a recluirnos en casa, años después de que mi padre hubiera fallecido, recordé la deuda contraída con él y comencé a escribir. Desde entonces lo he cogido y dejado a temporadas, pero finalmente el resultado está aquí.

Soy consciente de que el abordaje por el que he optado no es el más científico. Los humanos somos parte de la naturaleza, hemos evolucionado con ella, y en consecuencia toda nos es necesaria. Fragmentarla para explicar qué es lo que recibimos de tales plantas, o qué nos ofrecen aquellos microbios, puede resultar engañoso. Pero es, pienso, pedagógico. Imaginen por un momento el cuerpo humano, al que celebraba Violeta Parra. Es evidente que los ojos, esos «dos luceros que cuando los abro, perfecto distingo lo negro del blanco», nos permiten ver, pero ¿de qué valdrían los ojos si faltaran la sangre, los músculos, el hígado, los nervios, el cerebro? El cuerpo es uno, todo está relacionado. En la naturaleza que nos incluye ocurre más o menos lo mismo y debemos esforzarnos por recordarlo, por más que a lo largo del libro aparezca parcelada, igual que en el colegio estudiábamos por separado, como si no tuvieran nada que ver entre ellos, el sistema circulatorio, el aparato digestivo, el sistema nervioso y el esqueleto.

Los seres vivos nos dan muchas cosas, ya lo he dicho, pero algunas son tan obvias que no les dedicaré particular atención. Por ejemplo, comemos materia viva, pues como animales que somos no nos queda otro remedio, y con frecuencia nuestros alimentos proceden directamente de la naturaleza (indirectamente, lo hacen siempre). Tal ocurre con, aproximadamente, la mitad del pescado que ingerimos, extraído de océanos y ríos (el resto procede de cultivos marinos). Otro ejemplo sería la madera de nuestros muebles y construcciones, o el papel de nuestros libros, que proceden de árboles solo en parte *cultivados*. Creo que no hace falta convencer a nadie de que merluzas y sardinas nos nutren, y pinos y nogales nos sirven para fabricar armarios y mesas. A lo largo del libro pondré el énfasis en prestaciones menos evidentes que, aun siendo fundamentales para nuestra existencia, tal vez pasan inadvertidas.

Las Naciones Unidas, en su evaluación del papel de la naturaleza dentro del programa sobre los «Objetivos de Desarrollo del Milenio», definió de una forma muy simple lo que llamamos *servicios ecosistémicos*: «Son los beneficios que obtienen las personas producidos por los ecosistemas». Posteriormente, como se encarga de recordarnos con su habitual energía mi querida Berta Martín López, profesora en la

Universidad Leuphana en Lüneburg (Alemania), el término *servicios* ha sido superado por el más inclusivo de «contribuciones de la naturaleza a las personas», que resalta la importancia de los lazos entre la gente y el mundo natural, pues la asistencia que este nos presta no es solo material, sino también social, cultural, espiritual, etc. En todo caso, en cada capítulo aludiré a una o varias de las contribuciones de la naturaleza que estimo más generales (es decir, valiosas para todos o casi todos, al margen de preferencias culturales y espirituales), usando como punto de partida seres vivos que las protagonizan. Y escogeré para empezar, lo aviso de antemano, organismos poco apreciados por parte de la sociedad urbana occidental. Podría usar, pongo por caso, las mariposas para referirme a la polinización de las cosechas, pero antepongo los escarabajos. Igualmente, las golondrinas y ruiseñores servirían para explicar el control de las poblaciones de insectos, pero prefiero dar protagonismo a los murciélagos. Intento hacer ver que incluso las formas de vida a primera vista menos atractivas o simpáticas son útiles, nos hacen falta. Pretendo animar al lector a que, desde el título de cada capítulo, se interrogue a sí mismo: «¿Qué perdería yo, o qué perderíamos los humanos, si no existieran tales bichos, o si desaparecieran aquellas plantas?».

Por supuesto, no seré exhaustivo, tan solo expondré algunos casos con unos cuantos ejemplos. Además es necesario recordar que, si no todas, muchas aportaciones importantísimas (como la regulación del clima global) son prestadas por los ecosistemas en su integridad, siendo difícil atribuir el papel principal a unos u otros protagonistas concretos. Todos los organismos son imprescindibles, porque todos forman, junto con el medio físico, un conjunto funcional perfectamente integrado tras muchos millones de años de evolución. De cualquier forma, en el epílogo volveré sobre este punto.

Es obligado incluir otra cautela, que también reiteraré al final. A lo largo del libro se recurre con alguna frecuencia a valorar en términos monetarios la utilidad de los seres vivos. Al decir que los medicamentos obtenidos de la naturaleza representan tantos miles de millones de euros, por ejemplo, o que sustituir a los polinizadores silvestres de las cosechas nos costaría más de cien mil millones de euros al año, estoy dando una idea de su importancia, sin duda, pero también reforzando una visión sesgada. La vida de cualquier persona es valiosa en sí misma, independientemente de lo útil que pueda resultar a los demás; no es reemplazable, ni hay dinero que pueda pagarla. Con la naturaleza ocurre otro tanto, tiene un valor inherente, suyo, propio. Si la valoramos exclusivamente en términos crematísticos parecemos animar a descuidarla cuando no rinde lo suficiente. Eso invierte la carga de la prueba: no debería hacer falta demostrar que la naturaleza es rentable, sino asumir que, de entrada, merece ser conservada y nos hace falta en su integridad. No obstante, en un mundo gestionado de acuerdo con criterios económicos antiguos y sin duda mal orientados, sugerir la importancia pecuniaria del capital natural se antoja, al menos coyunturalmente, muy recomendable.

Remato esta introducción. En los tiempos que corren, y por motivos plenamente justificados, los escritos sobre temas ambientales suelen ser agoreros, cuando no directamente catastrofistas. Mi intención es la contraria. Me gustaría que este libro pudiera entenderse como un himno a la vida, igual que la canción de Violeta Parra, aunque en este caso dirigido a la naturaleza, a la inmensidad de la vida no humana. Es cierto que no será posible excluir por completo de sus páginas la preocupación, el dolor, porque la vida siempre lleva emparejada la muerte. La abundancia y diversidad de organismos están disminuyendo a pasos agigantados y todo lo que nos dan corre riesgo de perderse o, al menos, de menguar severamente. En gran medida, las consecuencias de esta pérdida deberá deducirlas el lector, por más que en ocasiones resulte inevitable insinuarlas en el texto. Recordemos que solo un año después de componer *Gracias a la vida*, esa celebración de la existencia, Violeta Parra se suicidó; algo de lo que recibía de la vida falló y decidió que no merecía la pena seguir. Destruyendo la naturaleza, la humanidad está en trance de suicidarse también, aunque nos cueste admitirlo y ocurra muy a nuestro pesar.

I

GRACIAS A LAS MALAS HIERBAS

(que nos curan...)

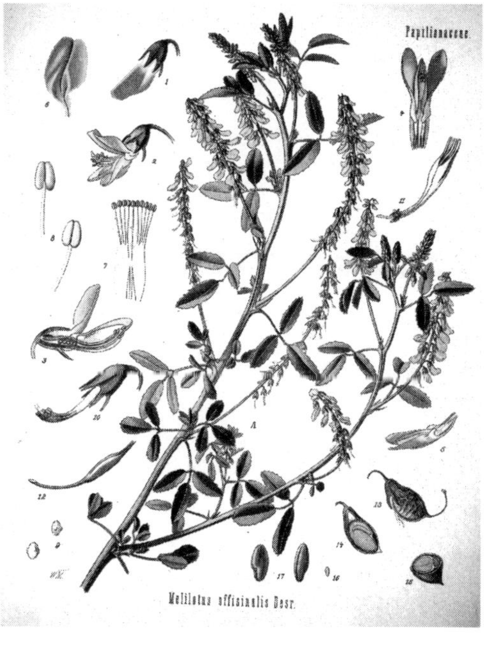

Hasta que a uno mismo o a una persona cercana no le recetan Sintrom, no cae en la cuenta de lo extendido que está su uso en la sociedad. Se trata de un fármaco anticoagulante, antagonista de la vitamina K (en el colegio aprendimos que era antihemorrágica), que utilizan pacientes con problemas cardiovasculares para prevenir trombos, embolias y otras complicaciones. Un exceso de vitamina K es malo para esas personas, pero un déficit excesivo puede provocarles hemorragias graves. Es preciso un difícil equilibrio, por eso la dosis diaria de Sintrom tiene que ajustarse cuidadosamente. Citados en salas, días y horas exclusivos para ellos, los usuarios del producto visitan con periodicidad el centro de salud y arman en la espera animadas tertulias: «Esto de venir cada semana es una lata», «Pues fíjate en mí, que ando en seis y no acabo de bajar», «Yo estoy bajo y me ponen heparina», «Es que en verano el Sintrom se desajusta», «¡Será por la cerveza!», «La cerveza perjudica, es mejor el vino»... Así hasta que aparece la médica y aclara que todo se puede hacer con moderación, que lo importante es mantener los hábitos alimenticios, y que si en la dieta habitual hay mucha vitamina K, habrá que tomar más Sintrom, y si hay poca, menos: «Lo peor es que, tras ajustaros aquí la dosis, vosotros queráis reforzar su efecto cambiando la comida, porque entonces os pasaréis por el otro lado».

Existe todo un grupo social, con cultura propia, de usuarios de anticoagulantes antagonistas de la vitamina K, pero la mayoría de ellos seguramente ignora de dónde proceden esos compuestos (tanto el Sintrom o acenocumarol, como la warfarina, más popular en los países anglosajones). La historia de su descubrimiento, como la de muchos otros hallazgos científicos, incluye porciones de casualidad, de serendipia (*chiripa*, lo define la Fundación para el Español Urgente) y de determinación.

Todo empezó con unos pastos para vacas. El meliloto (*Melilotus officinalis*), trébol amarillo, trébol oloroso, o coronilla real, que por todos esos nombres se lo conoce, es una leguminosa «de dos a seis palmos de altura según la fertilidad del terreno», escribe don Pío Font Quer, famoso autor del clásico *Plantas medicinales. El Dioscórides renovado*. Luce «flores amariposadas, pequeñitas (de 4 a 7 mm), amarillas», y el fruto es «una pequeña legumbre ovoide de unos 3 mm». En nuestras latitudes, florece en mayo y prosigue la floración durante todo el verano. La planta, que cuando seca despide un aroma agradable, como a vainilla, crece en cunetas, barbechos y campos abandonados, sobre suelos más bien pobres. Bien podría tildarse de una mala hierba, como tantas otras de las que adornan nuestros baldíos.

Originario de Europa y el centro de Asia, el meliloto había sido introducido en Norteamérica en el siglo XVII (en la actualidad se considera una especie invasora). A principios del siglo XX, unos ganaderos inmigrantes en las zonas poco productivas de Dakota (Estados Unidos) y Alberta (Canadá), en vista de que allí no conseguían sacar adelante las cosechas de heno a las que estaban habituados, decidieron cultivar los ubicuos melilotos como plantas forrajeras. En principio les fue bien, pero ocasionalmente las vacas mostraban una debilidad inesperada: se desangraban por cualquier pequeña herida y llegaban a morir por hemorragias internas. En los años veinte empezó a hablarse de la «enfermedad del trébol oloroso» y se relacionó con el consumo de forraje húmedo. Un veterinario inglés que trabajaba en Ontario (Canadá), llamado Frank Schofield, comprobó que el problema solo surgía cuando el heno de meliloto estaba en mal estado y tenía moho; para verificar su idea, dio de comer a unos conejos plantas de meliloto secas y a otros mohosas, y los últimos murieron (al parecer, los responsables universitarios le impidieron continuar con sus investigaciones y, desencantado, marchó a enseñar bacteriología a Corea, donde colaboró en la lucha por la independencia del país). Casi al mismo tiempo, otro veterinario, Lee Roderick, en este caso de Dakota, mostró que las vacas enfermas por consumir paja de meliloto mohoso se curaban con una transfusión de sangre de una vaca sana.

Así estaban las cosas cuando la leyenda y el azar se incorporaron a la historia. Corría el invierno de 1932, en plena Gran Depresión, y la vida no era fácil para nadie. Ed Carlson, granjero en el pequeño pueblecito de Deer Park, al norte de Wisconsin, vio morir a dos de sus becerros en diciembre, y a tres vacas en enero y febrero. Además, un toro premiado en un concurso local sangraba por la nariz y Ed se temía lo peor. Consultó al veterinario y este le dijo que debía cambiar la alimentación del ganado, pues padecía la enfermedad del trébol oloroso. El ganadero no le creyó, porque había usado ese heno durante años sin problemas; además, no tenía otro forraje, y le costaba admitir que no hubiera remedio. El veterinario, entonces, le invitó a que viajara a la Estación Experimental Agrícola de la capital, Madison, para ver si allí le ofrecían otra solución. La tradición pretende que a primera hora de un sábado de febrero de 1933 un desesperado Ed Carlson, cuya fortaleza y resistencia, como las de todos los vaqueros de la región, eran legendarias, se echara a la espalda una ternera muerta, cargara además con una lechera llena de sangre de toro que no se coagulaba y un saco de heno, y se pusiera en camino para recorrer trescientos kilómetros bajo un temporal de viento y nieve. En realidad hizo el viaje en una vetusta camioneta, pues llegó ese mismo sábado por la tarde, pero encontró cerrada la Estación Agrícola. Únicamente se apreciaba actividad en un edificio cercano y Ed entró. La casualidad hizo que se tratara del laboratorio de Karl P. Link, donde se encontraban este y su ayudante Eugen Wilhelm Schoeffel. Link, un químico agrícola que estudiaba la cumarina, el compuesto químico que da olor al meliloto, confirmó a un decepcionado Ed que sus vacas padecían el mal del trébol oloroso y tenía que cambiar de forraje o transfundirles sangre. Pero la visita le impresionó profundamente. Escribió: «Aún puedo verlo regresando derrotado a su casa a las cuatro de la tarde. Esos 300 kilómetros de caminos tortuosos desde nuestro laboratorio a su granja deben habérsele antojado un océano traicionero y sombrío». Todavía conmovió más a su segundo, Schoeffel, quien angustiado por su incapacidad de dar respuestas a un hombre que las precisaba imperiosamente, entendió la intempestiva visita como una revelación, y urgió a su jefe a cambiar de línea de investigación: «Déjame decirte algo, hay un destino que conforma nuestros derroteros», le espetó.

Link sabía que los melilotos con mucha cumarina eran amargos y no agradaban al ganado, por eso se dedicaba a seleccionar variedades con poca carga. Tras conocer a Carlson, centró sus esfuerzos en aislar el compuesto químico anticoagulante que escondía el heno mohoso y que causaba la enfermedad. No lo tenía fácil. De hecho, entonces ni siquiera sabían medir bien la coagulación de la sangre. Durante cinco años, él y su equipo trabajaron ofreciendo hierba con moho a un mismo conejo llamado Bess, sobre el que realizaron más de doscientos experimentos (no sé qué opinarían hoy los comités de bienestar animal). Extrajeron muchos productos del heno creyendo que iban por el buen camino, para desencantarse poco después, cuando la sangre de Bess no se aclaraba. En todo caso, nada que sorprenda a cualquier investigador. El 28 de junio de 1939, más de seis años después de la visita del granjero, un miembro del equipo llamado Harold Campbell consiguió aislar dicumarol cristalizado, un compuesto anticoagulante que se demostró producido por diferentes hongos al oxidar la cumarina del trébol. ¿Acaso habían alcanzado el punto final de la historia?

A finales de 1940 ya se conocía la estructura química del dicumarol y empezó a sintetizarse a gran escala. Se probó en perros y los médicos se animaron a utilizarlo. La revista *Lancet* publicó en 1941 un artículo ensalzándolo como alternativa a la heparina. Pero, en la práctica, daba problemas por su absorción irregular y porque se decía (sin motivo) que la vitamina K fallaba como antídoto cuando era necesario. Había dudas, y su prescripción no llegó a generalizarse entre los profesionales de la medicina. Entre tanto, el equipo de Karl Link había generado, con ligeras modificaciones en las cadenas químicas, unos ciento cincuenta derivados del dicumarol, que con el laboratorio cerrado por la guerra no habían tenido tiempo de probar. En 1945 Link enfermó y tuvo que ingresar en el hospital, donde permaneció varios meses sin nada que hacer, hasta que cayó en sus manos un libro sobre la historia del control de roedores. De inmediato, pensó que el dicumarol podía utilizarse como matarratas, así que al retornar al trabajo, ya con la guerra terminada, experimentó con animales. Los ratones se mostraron más resistentes al tratamiento de lo esperado porque su dieta, en general, era rica en vitamina K. Pero uno de los derivados del dicumarol, el número 42, resultó letal. Para sorpresa de todos, Link propuso patentarlo como rodenticida con el nombre de warfarina (*warf* correspondía a las iniciales de la Wisconsin Alumni Research Foundation, que desde el principio había financiado las investigaciones, y el *arina* final hacía alusión a la cumarina). La empresa lo aceptó, y desde 1948 el producto se convirtió en el rodenticida más vendido en Estados Unidos y en la base de la mayoría de los biocidas anticoagulantes que se utilizan hoy en el mundo.

Se dio, entonces, otra llamativa casualidad. En 1951 un soldado deprimido intentó suicidarse ingiriendo veneno para ratas. En última instancia, lo llevaron al hospital y allí comprobaron que se recuperaba muy bien con una transfusión de sangre y la administración de vitamina K. A partir de aquel momento se empezó a experimentar el uso de la warfarina con fines terapéuticos y se comprobó que sus prestaciones (asimilable por vía oral y soluble en agua, además de muy efectiva) mejoraban las de la heparina y el dicumarol, los anticoagulantes usados en la época. En 1954 se aprobó su uso en humanos y en 1955 se aplicó al presidente de los Estados Unidos, Dwight Eisenhower, que había sufrido un infarto de miocardio. Como alguien escribió después: «Lo que era bueno para un héroe de guerra y presidente de los Estados Unidos tenía que ser bueno para todos, aunque fuera un matarratas». Enseguida la warfarina (y otra variante, el acenocumarol o Sintrom, más utilizado en España) se popularizó y hoy la utilizan millones de personas en el mundo.

La historia del descubrimiento de los anticoagulantes cumarínicos es fascinante por lo que tiene de aventura humana e intelectual, en la que tantos factores interactúan e influyen determinando el éxito o el fracaso. Pero resulta vulgar en lo que afecta a obtener un medicamento de amplio uso a partir de especies silvestres. Hay miles y miles de casos así. En esta ocasión, los *fabricantes* del producto eran una mala hierba y unos hongos por los que, probablemente, nadie habría dado un ochavo si se tratara de apostar por su conservación. Pero quizá un detalle relevante les haya pasado inadvertido: a las vacas no les gustaban los tréboles con demasiada cumarina, muy amargos. Existen muchas especies de plantas con sabor amargo, y muchas otras que utilizan productos químicos para protegerse de sus enemigos. Las plantas no pueden huir, así que, aunque algunas tienen pinchos, largas espinas o cortezas duras y espesas, la mayoría ha desarrollado, a lo largo de millones de años de evolución, defensas químicas. En general, esas barreras están dirigidas a invertebrados y microbios, fitófagos mucho más formidables, aunque parezca mentira, que las vacas o los caballos (en un herbazal tropical hay mucha más biomasa de termitas que de todos los grandes herbívoros juntos), y son las que dan a las plantas los sabores y olores que nos gustan o nos perturban. Las famosas especias que impulsaron las exploraciones de los europeos desde el siglo XI no eran sino plantas dotadas de poderosas armas químicas que resultaban difíciles de comer para una oruga, por ejemplo, y que a menudo acababan con las bacterias contaminantes. La pimienta, la canela, el clavo o la nuez moscada que utilizamos como condimentos en nuestra cocina saben y huelen como lo hacen porque están cargadas de ingredientes químicos defensivos. Los humanos, como especie, debimos darnos cuenta muy pronto de que esos compuestos protectores de plantas y hongos podían protegernos también a nosotros.

Todas las culturas del mundo han usado plantas y otros productos de la naturaleza para aliviar sus males. ¿Recuerdan a Ötzi, el hombre del hielo de Bolzano (Italia)? Se trata de la momia, en perfecto estado de conservación, que encontraron unos alpinistas alemanes en los Alpes en 1991. Al descubrirlo pensaron que era el cadáver de un montañero no demasiado antiguo, pero en realidad habían dado con un hombre del Calcolítico, muerto hace 5.300 años. Ötzi, varón de entre cuarenta y cincuenta años, ha permitido detalladísimos estudios, tanto de su cuerpo como de su indumentaria y ajuar. Entre otras cosas, se ha comprobado que portaba en su macuto un hongo del tronco del abedul (*Fomitopsis betulina*) con propiedades bactericidas y antiparasitarias, así como porciones de diversas plantas, quizá medicinales. Además, poco antes de morir había consumido brotes de musgo y hojas de un helecho tóxico que aún hoy utilizan algunas culturas y que podría aliviar los trastornos digestivos (Ötzi tenía *Helicobacter pylori*, la bacteria de la úlcera de estómago). Hay quien especula con que Ötzi, cuyo cuerpo lucía cubierto de tatuajes, fuera un hechicero en su tiempo (a punto de entregar este capítulo hemos conocido otra noticia fascinante: un orangután llamado Rakus, que vive en Indonesia, se ha curado una fea herida en la cara autoaplicándose emplastos de una liana medicinal).

Debemos aceptar que en la sucesión de acontecimientos que llevaron a descubrir los derivados de la cumarina hubo su pizquita de suerte (una enfermedad del ganado da la pista para fabricar un matarratas que acaba siendo un producto para humanos que mueve millones de euros). Con más frecuencia, las virtudes (o parte de ellas) medicinales de determinadas plantas o animales se conocían desde la Antigüedad, y una vez que la química orgánica se ha desarrollado solo ha habido que investigar acerca de su composición para descubrir el principio activo. Tal vez la aspirina sea el mejor ejemplo.

Hay indicaciones de que los sumerios y los chinos usaban la corteza y las hojas de sauce (*Salix* spp.) como analgésico y antiinflamatorio, quizá 4.000 años atrás. Un papiro egipcio de hace 3.500 años, probablemente influido por un documento en piedra sumerio, menciona al sauce y al mirto o arrayán (*Myrtus communis*) por sus propiedades medicinales. En el siglo v antes de Cristo, Hipócrates de Cos, padre de la medicina en la Grecia antigua, recomendaba los preparados de corteza de sauce para la fiebre y los dolores de parto. También citan las propiedades de este árbol algunos galenos romanos como Celso y Dioscórides, y más tarde aparece en los tratados medicinales árabes. Según el doctor Sabán Ruiz, los curanderos medievales aliviaban el dolor de la gente con una pócima milagrosa basada en cocciones de corteza de sauce, pero tal práctica cayó en el olvido cuando se prohibió descortezar los sauces porque escaseaban y eran necesarios para la fabricación de cestas. Avanzado el siglo xviii un clérigo inglés, Edward Stone, empezó a hacer pruebas sobre la eficacia antitérmica de una infusión de «hojas de sauce secas, té y un poco de cerveza», que le inspiraba confianza porque «sabía aún más amarga que la quina, el remedio peruano contra la malaria», y presentó sus hallazgos ante la Royal Society. El doctor Buchner, farmacéutico en Múnich, consiguió a partir de la corteza del sauce un producto amarillento que llamó salicina (ácido salicílico) en 1828, y el químico francés Leroux consiguió cristalizarlo poco después. Para entonces ya se sabía que el ácido salicílico existía en muchas plantas diferentes que lo usan como defensa química contra los patógenos, y los investigadores lo extraían del sauce pero también de una hierba llamada reina de los prados (*Spiraea ulmaria*, hoy *Filipendula ulmaria*). La salicina funcionaba para mitigar el dolor, la hinchazón y la fiebre, pero tenía un sabor horrible y daba problemas de estómago. Tratando de superar estas limitaciones, en 1853 otro químico francés, Charles F. Gerhardt, obtuvo el ácido acetilsalicílico (la aspirina), pero no persistió en su investigación. En 1897, impulsado por el deseo de hallar un remedio a los dolores articulares de su padre, Felix Hoffmann (tal vez siguiendo indicaciones de su jefe, Arthur Eichengrün, quien le disputó la paternidad del hallazgo) consiguió, en los laboratorios de la empresa Bayer, sintetizar ácido acetilsalicílico «químicamente puro y por tanto estable». El 6 de marzo de 1899 el producto fue inscrito por Bayer en la Oficina Imperial de Patentes de Berlín con el nombre de *aspirina* (*a* de *acetil*, *spir* de *Spiraea*, e *ina* de *sustancia química*), en lo que puede ser considerado el nacimiento de la moderna industria farmacéutica. En el último siglo, la aspirina ha sido utilizada más que ningún otro medicamento en el mundo, especialmente tras descubrirse su utilidad para prevenir problemas circulatorios (se estima que cada segundo se consumen en el planeta 2.500 aspirinas).

Desde hace años, las empresas farmacéuticas rastrean la farmacopea tradicional en todo el mundo buscando nuevos productos para tratar antiguas o nuevas enfermedades. En estos casos, los especialistas suelen desplazarse al lugar de interés y contactar con curanderos u otros expertos en medicina tradicional, tomando conocimiento de las plantas que utilizan y buscando luego en ellas, con modernas tecnologías, los compuestos activos (algunos de ustedes recordarán a este respecto *Los últimos días del edén*, película protagonizada por Sean Connery que en inglés se titulaba *Medicine Man*). Entonces suele plantearse un problema ético respecto a la propiedad de los hallazgos, especialmente a la hora de repartir beneficios tras la comercialización. Las grandes multinacionales reconocen cada vez más a menudo esta deuda (contemplada en el Convenio Internacional sobre la Diversidad Biológica) y establecen acuerdos variados con las poblaciones locales. Tal vez el primero y más conocido fue el del gigante farmacéutico Merck y el INBio

(Instituto Nacional de Biodiversidad en Costa Rica), por el que el primero obtenía el derecho a acceder a los recursos genéticos financiando las prospecciones del segundo. A menudo, sin embargo, no es preciso recurrir a los conocimientos tradicionales, basta con invocar planteamientos evolucionistas. ¿Qué animal o planta podría haber generado evolutivamente un determinado producto que necesito? Si pensamos en aliviar el dolor, o incluso en inducir anestesia local, por ejemplo, tal vez merezca la pena investigar a los animales cazadores que inyectan veneno a sus presas, pues generalmente tales compuestos afectan al sistema nervioso, ya que al depredador no le conviene que su víctima se debata y resista demasiado, y menos aún que se aleje y se pierda.

Productos derivados de los venenos de arañas, escorpiones y otros animales ponzoñosos están ayudando a combatir el mal de Parkinson, la esquizofrenia, la depresión, la epilepsia y algunos tipos de cáncer. Ciertas avispas y arañas literalmente anestesian a los insectos a los que dan caza para mantenerlos largo tiempo vivos e inmovilizados, y sus tóxicos se investigan como adormecedores y sedantes. El veneno de la yararaca (*Bothrops jararaca*), una serpiente de Sudamérica de la misma familia que los crótalos o serpientes de cascabel, rebaja bruscamente la presión sanguínea de los animales mordidos, incluyendo el hombre, porque inhibe la enzima convertidora de la angiotensina (ECA); el descubrimiento de la molécula activa responsable de esta acción abrió camino a la mayoría de los ampliamente utilizados medicamentos actuales contra la hipertensión arterial, como el ramipril. Los temibles caracoles depredadores del género *Conus*, cuya picadura ha ocasionado a veces la muerte de humanos, albergan todavía más secretos. Estos gasterópodos marinos tienen forma cónica, como su nombre indica, son característicos de los mares tropicales, de los manglares y arrecifes coralinos, y por la belleza de sus conchas se usan a menudo como ornamento en collares y pulseras de tipo *surfero*. Se los suele denominar, simplemente, conos o caracoles cono.

Baldomero Olivera y otros colegas norteamericanos y filipinos publicaron en la revista *Science* en 1990 un extenso artículo sobre el tema. Actualmente se reconocen alrededor de setecientas especies de *Conus*, y otras nuevas se describen cada año. Los hay de apenas un centímetro y otros de más de un palmo. Todos son depredadores de gusanos, peces y otros moluscos, a los que inmovilizan con una mezcla de conotoxinas (se las llama así) inyectadas merced a que su rádula (el órgano con dientes quitinosos que en los caracoles comunes raspa el alimento) está modificada en forma de arpón y funciona como una aguja hipodérmica, conectada a un bulbo muscular que contiene veneno. Para preservar la integridad de su arpón, los conos deben paralizar a su víctima de inmediato, de ahí que su ponzoña sea tan poderosa. Se estima que cada una de las especies del grupo fabrica y utiliza entre cien y doscientos péptidos (compuestos de unos pocos aminoácidos) tóxicos distintos, lo que significa que existirían entre 70.000 y 140.000 conotoxinas distintas. Son números mucho más altos que los de todos los alcaloides identificados en el resto de los animales venenosos. Además, cada uno de esos péptidos accede a un tipo de receptor nervioso diferente, incluyendo los canales que regulan el flujo de sodio, potasio y calcio, y de neurotransmisores como la acetilcolina y la serotonina. Eric Chivian cuenta que apenas el 1 % de las conotoxinas ha sido caracterizado hasta el presente, y solo se ha trabajado sobre seis de las setecientas especies de caracoles cono existentes. Pese a ello, ya se han identificado muchos medicamentos potenciales. Los más avanzados en su desarrollo comercial son analgésicos, tienen que ver con el alivio del dolor. El grupo de Olivera aisló de la especie *Conus magus* un péptido que bloquea selectivamente los canales de calcio en las neuronas que transmiten el impulso de dolor al cerebro. Más tarde fue sintetizado con el nombre de ziconotide. Probado en voluntarios con cáncer y sida que no respondían a los opiáceos, calmó el dolor en más de la mitad de ellos y lo anuló por completo en algunos. El doctor Calvo Mosquera ha escrito que es «un potente y efectivo medicamento contra el dolor (mil veces más potente que la morfina); además posee la ventaja de que no provoca tolerancia ni conductas adictivas». La agencia americana para la Administración de Alimentos y Medicamentos (FDA) aprobó su uso en 2004 y el ziconotide se ha comercializado con el nombre de Prialt. Otros siete productos para el dolor crónico obtenidos de otros tantos caracoles cono están actualmente en fase de ensayo clínico y parecen tan eficaces, o más, que el Prialt. Además, hay conopéptidos que podrían mitigar la muerte de neuronas relacionada con el alzhéimer y el párkinson, o controlar enfermedades como la epilepsia. Para Eric Chivian, coordinador junto con Aaron Bernstein de un estupendo libro sobre las relaciones entre la naturaleza y nuestro bienestar (*Preservar la vida. De cómo nuestra salud depende de la biodiversidad*), «de todos los grupos de animales de la Tierra, los caracoles cono [...] reúnen tal vez la farmacopea más grande y con mayor importancia clínica de toda la naturaleza».

Otra posibilidad para encontrar medicamentos en la naturaleza es, si se me permite decirlo, buscarlos a lo bruto, sin planteamientos ni expectativas previas. Es tal la confianza en el poder curativo de las plantas que en los años sesenta del siglo xx el Instituto Nacional del Cáncer de Estados Unidos realizó un muestreo aleatorio sobre más de 35.000 muestras vegetales a la caza de sustancias que pudieran tener aplicación terapéutica. El mayor hallazgo, con diferencia, correspondió al Taxol, aislado en 1969 de la corteza del tejo del Pacífico (*Taxus brevifolia*) (mucho después se ha sabido que algunos hongos que viven en el tejo lo imitan y también lo producen). El principio activo del Taxol, llamado paraclitaxel, mostró desde los primeros ensayos clínicos una importante actividad antitumoral, especialmente sobre el cáncer de ovario y el cáncer de mama, pero más tarde se ha probado útil en otros tumores, como el cáncer de próstata, los melanomas malignos, el linfoma, etc. Inhibe la propagación de los tumores impidiendo la división celular. Posteriormente se ha comprobado que también dificulta la proliferación de las células endoteliales y se ha utilizado para recubrir los estents que se colocan en las arterias coronarias, a fin de evitar que los tapone el tejido endotelial. El uso de paraclitaxel para el cáncer de mama fue aprobado por la FDA americana en 1994, y en los diez años transcurridos, escribió en *El País Semanal* Mayka Sánchez en 2004, «ha revolucionado el tratamiento del cáncer».

Hace unos años se estimaba que uno de cada cuatro medicamentos comercializados procedía de plantas y otro de cada cuatro de animales y microorganismos. Las selvas tropicales y los arrecifes coralinos, que son los ecosistemas con mayor biodiversidad en la tierra y en el mar, se consideran las *farmacias naturales* con almacenes mejor provistos, pero son al mismo tiempo los que están desapareciendo más aprisa. Lógicamente, con la variedad de arqueas, bacterias y hongos que hay en el mundo, muchos de ellos aún por conocer, es de esperar que el número de compuestos procedentes de los microbios tienda a aumentar. En 1928 un moho de la especie *Penicillium chrysogenum (onotatum)* infectó una placa de Petri donde el médico escocés Alexander Fleming cultivaba bacterias del tipo estafilococo. A medida que el moho crecía, las bacterias desaparecían de su proximidad, lo que llevó al doctor a pensar que ese moho las estaba matando. Poco después aisló la penicilina, y una década después se desarrolló el fármaco sistémico, abriendo la era de los antibióticos. La estreptomicina y la tetraciclina se obtuvieron a partir de bacterias del suelo del género *Streptomyces* (de hecho, quizá hasta el 80% de los antibióticos conocidos los producen bacterias de este género). Las estatinas, que se utilizan para bajar los niveles de colesterol y se cuentan entre las medicinas más recetadas en la actualidad, derivan de hongos. El inmunosupresor rapamicina, necesario en los trasplantes, se obtuvo de otra bacteria del suelo de la Isla de Pascua (Rapa Nui, de ahí el nombre de la molécula). Podríamos seguir con una larguísima lista de ejemplos. Algunos bioquímicos piensan que con el auge de la química sintética, que se apoya en los ordenadores y la inteligencia artificial para diseñar moléculas a medida, dejarán de ser necesarios los productos obtenidos de la naturaleza, pero lo cierto es que, según Bernstein y Chivian, la mitad de los fármacos patentados entre 1981 y 2006 se había originado en especies silvestres.

No hace falta señalar lo que ha influido en la humanidad el desarrollo de la píldora anticonceptiva, autorizada por primera vez en Estados Unidos en 1960. En la base está el trabajo con plantas del químico americano Russell Marker, tildado de «valiente pionero». A finales de los años treinta del siglo xx, Marker había encontrado una forma de obtener progesterona, la hormona del embarazo, a partir de un compuesto que contenía una zarzaparrilla. Pero el procedimiento era muy largo, caro y en consecuencia poco útil. Supo entonces que unos japoneses habían aislado un compuesto (esteroide) parecido en el tubérculo de un ñame del género *Dioscorea*, y enseguida que había ñames en el suroeste de Estados Unidos y en México. Contra el parecer de las autoridades de su país, en los cuarenta viajó en autobús a Orizaba, en el estado mexicano de Veracruz, donde consiguió dos grandes nódulos de la planta que los lugareños llamaban cabeza de negro... y que le robaron. Sobornando a un policía local recuperó uno de ellos y lo llevó de contrabando a Pensilvania. De él obtuvo progesterona, pero sus patronos pensaron que era imposible recolectar a gran escala *Dioscorea* en México y se negaron a comercializar el hallazgo. A partir de ahí, lo hizo solo: volvió a Veracruz, consiguió la recolección de hasta diez toneladas de tubérculos y obtuvo de ellos tres kilos de progesterona pura, el lote más grande jamás producido hasta entonces. Años después, con Marker ya jubilado, empresas derivadas de la que él había creado en México obtuvieron a partir de su progesterona la noretisterona, ingrediente activo del primer anticonceptivo oral de aplicación práctica (la cortisona, imprescindible para tratar la artritis reumatoide, también fue obtenida de la progesterona mexicana, pero por una empresa rival).

¿Quién iba a decirnos que el meliloto y sus hongos escondían el secreto de los anticoagulantes, o que los ñames iban a posibilitar el descubrimiento de la píldora anticonceptiva? ¿Quién podía imaginar, y no hemos hablado de ello, la cantidad de hallazgos relevantes para la humanidad obtenidos gracias al uso de ratones, moscas del vinagre o planarias como animales de experimentación en los laboratorios? ¿Quién puede predecir los tesoros para nuestro bienestar que aún permanecen ocultos en la biodiversidad, a veces en seres aparentemente nimios, como las arqueas de las salinas de Santa Pola en las que Francis Martínez Mojica descubrió los mecanismos que han propiciado la edición de genomas? Los seres vivos han aportado mucho a nuestra salud, pero les queda mucho por ofrecer.

Solo por orientar, el profesor Jeffrey McNeely, un clásico en la Unión Internacional para la Conservación de la Naturaleza (UICN), estimó que a finales de los ochenta del siglo pasado el valor comercial en los países desarrollados de las medicinas obtenidas de la naturaleza alcanzaba los 40.000 millones de dólares al año (aproximadamente 95.000 millones de hoy, a los que habría que sumar el dolor evitado y las vidas salvadas).

2

GRACIAS A LAS LOMBRICES

(que colaboran en la formación y el mantenimiento del suelo fértil...)

El 1 de noviembre de 1837, trece meses después de descender del barco en el que había pasado cinco años circunvalando el mundo, Charles Darwin solicitó presentar una comunicación ante la Sociedad Geológica de Londres. ¿Iba a describir huesos del perezoso gigante o algún otro de sus exóticos hallazgos?, ¿contaría novedosas observaciones sobre volcanes y arrecifes en tierras lejanas? Nada de eso. Pensaba hablar del papel que jugaban las lombrices de tierra en la formación del mantillo vegetal. Y no precisamente extrañas lombrices foráneas con comportamientos insólitos, sino las humildes lombrices que vivían en Maer, la finca de su tío Josiah (que luego sería su suegro) a 250 kilómetros de Londres.

Darwin era cualquier cosa menos un hombre apresurado. Prefería pensar, tardaba en madurar las cosas y no escribía hasta estar convencido de lo que quería decir (se han hecho muchas bromas sobre lo difícil que le resultaría, en la actualidad, obtener financiación para sus investigaciones). Pero no abandonaba sus inquietudes. Una reseña sobre aquella charla en la Sociedad Geológica apareció en las actas en 1838, el propio Darwin publicó su versión de la misma en 1840, y cuatro años después, en una revista de jardinería, corrigió algunos errores. Habían transcurrido cinco lustros desde entonces cuando un lector escéptico, mister Fish, escribió en esa misma revista una crítica a las opiniones de Darwin, que este juzgó «basada simplemente en la supuesta incapacidad de las lombrices para hacer el trabajo que se les atribuye». Ya famoso entonces, Darwin le respondió breve y humildemente que apenas si había trabajado sobre el tema, pero que no lo había olvidado: «He observado durante los últimos 25 años la progresiva y finalmente completa desaparición de numerosas piedras enterradas por acción de las lombrices, y yo mismo he depositado polvo de cal en unas yardas cuadradas para ver cómo las lombrices excavaban a través de él y depositaban sus deyecciones en la superficie». Pasaron otros diez años, y Darwin, aunque enfermo y débil, retomó el asunto con entusiasmo. Su último libro, publicado seis meses antes de morir en octubre de 1881, fue *La formación del mantillo vegetal por la acción de las lombrices, con observaciones sobre sus hábitos.* En la conclusión del mismo expuso con vehemencia su valoración sobre el trabajo de estos gusanos de tierra: «Es poco probable que existan muchos otros animales que hayan jugado un papel tan importante en la historia del mundo como el realizado por estas organizadas criaturas inferiores».

La formación del mantillo vegetal fue todo un bestseller en su tiempo. Cuenta Carlos Fragoso, un estudioso mexicano de lombrices, traductor e introductor de la versión en castellano que manejo del libro de Darwin, que el día de su aparición se vendió la primera tirada completa, 2.000 ejemplares, al mes siguiente se habían vendido 3.500, y un par de años después se alcanzaron los 8.500. Ni siquiera *El origen de las especies*, con toda su fama y el escándalo que le acompañó, se había acercado a esos números. Darwin era por entonces muy conocido, el libro hablaba de animales familiares a todos, y el texto resultaba asequible y de interés para horticultores y jardineros, lo que puede explicar su éxito. En general, sorprendió que el padre de la teoría de la evolución por selección natural hubiera dedicado su tiempo a un tema, en apariencia, tan prosaico. La revista satírica *Punch* publicó un par de caricaturas. En una de ellas se veía a un anciano Darwin, reconcentrado, mirando a una lombriz que formaba en el aire un signo de interrogación. En la otra, sobre la leyenda «El hombre no es más que una lombriz», se dibujaba una espiral que partía de un gusano al que, en una sucesión de imágenes, le aparecían una cabeza y unos bracitos, e iba derivando primero a un mono, luego a un humano cada vez más sofisticado, y finalmente culminaba en el propio Darwin. Al margen de estas bromas bienintencionadas, el libro modificó el punto de vista de buena parte de la gente de campo sobre las lombrices. Así lo reflejó, siempre en tono humorístico, la propia *Punch* en unos versos que reproduce Richard Milner en el *Diccionario de la evolución*:

Te humillé, vieja lombriz, pues (lo debes admitir),
nunca fuiste una hermosura ni en tu niñez y frescura;
te he empalado en mis anzuelos sin el menor desconsuelo;
pero, ahora, todo ha cambiado, pues Darwin nos ha
[contado,
dándote fama creciente, que tu vida es diligente.
Ya comienzas a inspirarme respeto considerable,
pues puedo nombrar amigos, sabia lombriz, que han
[vivido
sin dar un golpe jamás tan fuerte como los das.

Las lombrices habían llamado la atención de los humanos desde la Antigüedad, y no siempre para mal. George Brown y otros autores cuentan que Aristóteles las consideraba «las entrañas de la Tierra», probablemente porque bullían en el subsuelo, y los babilonios las empleaban como cura para el lumbago (me pregunto cómo). En el Imperio egipcio se usaban para predecir los cambios meteorológicos. Y, al parecer, Cleopatra conocía sus aportaciones a la agricultura, pues decretó que debían considerarse animales sagrados, ordenó protegerlas e incluso, según se cuenta, liberó a sacerdotes para que se dedicaran a tiempo completo a su estudio, aunque por desgracia no conozcamos lo que llegaron a aprender. A partir de entonces, sin embargo, el buen nombre de las lombrices decayó, salvo en lo que afectaba a su utilización como cebo de pesca, de tal forma que en el siglo XIX casi todo el mundo las consideraba una plaga de los jardines y los huertos y buscaba formas de acabar con ellas. Las revistas de jardinería de la época aconsejaban métodos para erradicarlas: «Capturarlas en silencio por la noche con ayuda de una linterna, [...] golpear el suelo con un mazo hasta hacerlas salir...». Aunque algunos autores (Gilbert White, P. E. Müller) habían mencionado antes el papel de las lombrices en la formación y fertilidad del suelo, fue el libro de Darwin el que cambió la percepción de los ciudadanos y de los científicos, y abrió la puerta a que las lombrices fueran admitidas como las amables cómplices del horticultor que se consideran hoy.

Ahora bien, ¿por qué el suelo es importante y qué papel juegan en él las lombrices de tierra? Apenas a nadie se le ocultará, al menos, alguna de las funciones que hacen del suelo un elemento imprescindible. Para empezar, proporciona el sustrato físico para todas nuestras actividades: construimos ciudades, hacemos carreteras, levantamos fábricas, cultivamos, y vivimos, para resumir, sobre el suelo. También nos suministra materiales útiles (no hay más que pensar en las canteras). Pero, tal vez, todo eso podría hacerlo un terreno exclusivamente mineral, muerto, digamos que una placa de hormigón, cuando lo más importante del suelo, y quizá lo menos intuitivo, es que está vivo. Precisamente por estarlo, el suelo puede acoger nuestros desechos y los de los restantes seres vivos terrestres (las hojas y ramas muertas cada otoño, los cadáveres de todos los animales, los excrementos de los aún vivos, etc.) para descomponerlos y reciclarlos, es capaz de almacenar agua que si no se perdería por escorrentía, y consigue fabricar los nutrientes que precisan las plantas, haciendo factible la agricultura.

Los suelos son una parte fundamental de la riqueza de un país. Tardan miles de años en formarse y, sin embargo, pueden perderse en unos pocos, bien sea por cambios en las condiciones meteorológicas, por ejemplo, bien por malas prácticas humanas. Se crean originalmente a partir del sustrato mineral subyacente, desintegrado por los meteoros (cambios de temperatura, viento, hielo...), que generan nutrientes, y modificado por los microorganismos. La materia orgánica en distintas fases de descomposición añadida a la superficie se va mezclando con la materia inorgánica, a la que se denomina arcilla cuando está formada por partículas muy finas (menores de dos milésimas de milímetro de diámetro), limo cuando las partículas son intermedias (de dos a veinte milésimas) y arena cuando son mayores. Dependiendo de su textura, las condiciones de los suelos varían (un suelo arcilloso deja pasar poca agua pero retiene mucha en su interior; en la arena, en cambio, el agua penetra fácilmente pero no se conserva, por eso los suelos arenosos son más fácilmente erosionables). Un suelo normal contiene, sobre todo, partículas minerales y materia orgánica en descomposición (el humus), pero también poros con aire y agua y, representando apenas el uno por mil en peso pero con un papel esencial, seres vivos.

Bajo la superficie que pisamos bullen millones de microbios, plantas y animales fabricando el suelo fértil que nos da de comer y que mantiene la vida en la Tierra. Los organismos más abundantes, obviamente, y los que constituyen la base del ecosistema edáfico, son las bacterias, arqueas y hongos, que a veces se conocen como microflora, pero por encima de ellos pululan innumerables seres mayores. Ordenados por tamaños, tendríamos que mencionar a los unicelulares protozoos, y enseguida a unos pequeños gusanos llamados nematodos, y a infinidad de ácaros, todos ellos imposibles de observar a simple vista; les seguirían los colémbolos, que saltan como las pulgas de agua, superan a veces los cincuenta mil individuos por metro cuadrado y, aunque son muy pequeños, pueden llegar a verse; otro tanto ocurre con los extrañísimos tardígrados u osos de agua, que lo resisten casi todo (sobreviven desecados casi un siglo, toleran 150 °C sobre cero y 200 °C bajo cero de temperatura, no los mata la radiación ionizante...); y por fin, mayores, animales que nos resultan más familiares, como las cochinillas, termitas y hormigas, los milpiés, pequeños insectos y, por supuesto, las lombrices (sin olvidar a las plantas: debajo del suelo hay *bosques de raíces* tan extensos y elevados como los bosques verdes de ramas y hojas que hallamos encima de él; ver el capítulo «Gracias a los hongos»). Para hacerse una idea de los números, cuenta Gretchen Daily (citando a otros) que en un gramo de suelo puede haber miles de millones de bacterias y arqueas (en su mayoría desconocidas) y hasta un millón de propágulos de hongos. Y, por lo que hace a los organismos mayores, bajo un metro cuadrado de pastizal en Dinamarca se contabilizaron diez millones de nematodos, cuarenta y ocho mil pequeños insectos y ácaros, y cuarenta y cinco mil lombrices de tierra.

El suelo vivo incluye la microflora y la fauna, claro está. Entre sus funciones se cuenta fijar el nitrógeno, un elemento inerte en la atmósfera pero imprescindible para la vida, facilitar a las plantas agua y nutrientes, regular la infiltración de agua y, sobre todo, descomponer la materia orgánica, detoxificarla (en su caso) y mineralizarla, que no es otra cosa sino transformarla en compuestos químicos simples, solubles en agua, que puedan ser utilizados por las plantas (los nutrientes). Seguir el devenir de una hoja seca podría ayudarnos a sintetizar el proceso: la hoja cae al suelo y lombrices y cochinillas la rompen y trituran parcialmente; algunas bacterias y hongos empiezan a desintegrar los fragmentos; los nematodos se alimentan de esos microbios y los ácaros se alimentan de los nematodos; las porciones de hoja, comidas, defecadas y atacadas por los microbios varias veces, son al final mineralizadas, junto con los cadáveres de todos los intervinientes en la red trófica, en carbono, nitrógeno y otros productos que sirven para formar nueva materia viva. En resumen, el complejo ecosistema edáfico es la base del reciclaje y un ejemplo de la economía circular en la naturaleza: los desechos de alguien son siempre recursos para otros, nada sobra. Si no existieran seres vivos descomponedores, que han evolucionado para aprovechar los restos de otros, y a su vez generar con sus residuos recursos para unos terceros, la basura (en el sentido más amplio del término) nos ahogaría.

Los responsables últimos de la descomposición y mineralización de la materia orgánica (cadáveres, excrementos, etc.) son, en un altísimo porcentaje, las bacterias y los hongos. Eso explica en parte que algunos de ellos produzcan potentes antibióticos defensivos, como la penicilina, generada por un hongo del suelo, y la estreptomicina, que procede de una bacteria. Los restantes organismos edáficos tienen, asimismo, papeles trascendentes. Algunos protozoos y nematodos (ver el capítulo «Gracias a las malas hierbas») depredan sobre hongos y microbios, otros animales consumen sus deyecciones, otros más depredan sobre los depredadores de los primeros... Asimismo, hay animales como los ácaros, milpiés, termitas y lombrices, que fragmentan los restos orgánicos más grandes y dispersan a los microbios en sus tubos digestivos. Y existen otros seres vivos llamados bioturbadores, entre los que se cuentan las raíces de las plantas, que son capaces de influir en la estructura del suelo creando canales, poros, agregados estables de materiales orgánicos e inorgánicos, etc., facilitando así la acción de los microbios descomponedores y controlando la retención de agua y gases y la disponibilidad de nutrientes. La introducción de bioturbadores en un terreno suele incrementar su rendimiento agrícola y la rapidez con la que se procesan los abonos y desechos. Con los bioturbadores volvemos a las lombrices de Darwin.

Por minucioso que fuera (y lo fue), el trabajo de Darwin sobre el mantillo y las lombrices de tierra tenía sus limitaciones. Por ejemplo, se han descrito en el mundo cerca de cuatro mil especies de lombrices, y él solo trabajó con unas pocas, que ni siquiera especificó (en su tiempo no había en Inglaterra especialistas dedicados a ese grupo; las descripciones de Darwin aluden básicamente a la lombriz de tierra común, *Lumbricus terrestris*, que, según han detallado investigadores posteriores, no debía de ser la especie más abundante en sus terrenos; de toda el área cercana a la casa de los Darwin en Down, declarada patrimonio mundial, la parcela donde más lombrices se hallaron, por encima de setecientos ejemplares por metro cuadrado, fue su huerto). Hay que tener en cuenta, por tanto, que existen muchísimas especies de lombrices de las que prácticamente no sabemos nada salvo su nombre, y también que otras (por ejemplo, las lombrices europeas en bosques americanos) pueden originar al suelo más problemas de los que resuelven.

Para Darwin, que aparentemente nunca antes se había preocupado por ellas, el romance con las lombrices de tierra (no es exagerado; Emma, su esposa, se refería a «sus amadas lombrices», y él dijo que eran «su pasión») empezó con una visita a Maer, probablemente en septiembre u octubre de 1837. Paseando por el campo, su tío Josiah le hizo notar que algunos terrenos donde, años antes, se habían depositado delgadas capas de cal o cenizas para mejorar las condiciones del suelo, no mostraban entonces ninguna señal de ellas en superficie, mas, sin embargo, las conservaban casi intactas unas pulgadas por debajo; habían sido enterradas de manera uniforme, y Josiah lo atribuía a las deposiciones que las lombrices dejaban encima cada noche. Quizá Darwin recordó entonces la lenta acción de los corales, capaces de construir arrecifes a lo largo de muchísimo tiempo, y entendió que la acción de las lombrices podía tener consecuencias a escala geológica (de hecho, al final de su libro se refirió a los escépticos anotando, con un pellizco de amargura: «Aquí tenemos un ejemplo de la incapacidad [humana] de sumar los efectos de una causa continua recurrente, lo que a menudo ha retrasado el progreso de la ciencia, como ocurrió en el pasado con la geología y más recientemente con los fundamentos de la evolución»).

Los animales bioturbadores como las lombrices son considerados a menudo «ingenieros del suelo», e incluyen, según los lugares, a termitas, hormigas y ciertas larvas de coleópteros (sin olvidar tampoco, por añadir otro ejemplo, la actividad excavadora de nuestros familiares conejos, *Oryctolagus cuniculus*, que según los autores grecolatinos llegaron a derruir ciudades enteras de las islas Baleares; o los topos y topillos, que alumbran montones de tierra y tanto disgustan a jardineros y cuidadores de campos de golf). Las distintas especies de lombrices se mueven en las capas (más o menos) altas del suelo, pero las que construyen galerías verticales a su través, hasta casi dos metros de profundidad, son conocidas como lombrices anécicas, e incluyen a la lombriz de tierra común, ya mencionada. Las lombrices anécicas son nocturnas y precisan humedad, así que suben por la noche a la superficie para recoger materia orgánica (por ejemplo, hojas en descomposición), que introducen en sus galerías para alimentarse, y descienden de día a refugiarse a zonas más profundas (también lo hacen en invierno y en épocas de sequía, llegando a entrar en una especie de letargo). Habitualmente, cuando salen depositan sobre el suelo esos montoncitos de tierra defecada característicos, en forma de gusano mejor o peor enrollado, que en inglés llaman *cast* (literalmente 'molde') y que Carlos Fragoso ha denominado en castellano *turrículos*. Y sus excrementos no son una minucia. O, mejor, sí que lo son los de un solo ejemplar (apenas diez gramos por individuo y año), pero como hay muchos, suman volúmenes considerables.

Lo primero que observó Darwin, ya hemos dicho, es que la tierra que habían cribado las lombrices en su aparato digestivo soterraba, poco a poco, los objetos superficiales (en la casa-museo de Down aún puede verse la *piedra de las lombrices* que usaron sus hijos para medir el hundimiento gradual). Realizó personalmente muchas observaciones, encargó otras, y describió numerosos ejemplos. Uno de sus experimentos requirió nada menos que 29 años para culminarse: «El 20 de diciembre de 1842 esparcimos fragmentos de caliza sobre un campo cercano a mi casa [...] con objeto de observar en un tiempo futuro a qué profundidad habían sido enterrados. A finales de noviembre de 1871 [...] fue posible reconocer una línea de nódulos blancos a una profundidad de siete pulgadas de la superficie [...]; por lo tanto se había producido mantillo a una tasa de 0,22 pulgadas [0,56 cm] por año». También aledaño a su domicilio existía un terreno lleno de pedruscos por donde a menudo corrían sus hijos: «Recuerdo que dudaba si llegaría a vivir el tiempo suficiente para ver esas grandes piedras cubiertas con mantillo vegetal y césped [...]. Después de 30 años, un caballo podía galopar de un extremo a otro del campo sobre el pasto compacto y no golpear ni una sola piedra con sus cascos [...]. Eso fue ciertamente obra de las lombrices». Le pareció interesante estudiar a qué ritmo las lombrices cubrían de tierra los yacimientos arqueológicos, e hizo mediciones sobre mosaicos romanos y en las «piedras druidas» de Stonehenge, concluyendo que «los arqueólogos deberían estar agradecidos a las lombrices de tierra por depositar sus turrículos y proteger y preservar, por periodos infinitamente largos de tiempo, cada objeto tirado en la superficie de la tierra poco propenso a descomponerse».

Con el tiempo, sin embargo, cambió de aproximación, y en lugar de estudiar cómo se hundían los objetos (o, en puridad, cómo se elevaba el suelo), optó por pesar el mantillo que las lombrices depositaban en forma de turrículos. Una vez más, recurrió a menudo a colaboradores con los que mantenía correspondencia. Así, escribía: «Una dama en cuya exactitud puedo confiar totalmente, se ofreció a colectar durante un año todos los turrículos producidos en dos yardas cuadradas independientes cerca de Leite Hill Place, en Surrey...». En el libro refiere las fechas y lugares de recolecta y cómo los turrículos eran secados al sol o ante el fuego antes de pesarse. En cuatro casos, los dos de Surrey y otros tantos «cerca de Niza», estimó que la cantidad de mantillo depositado en la superficie alcanzó las 36, 45, 19 (en un lugar «muy poco favorable para las lombrices») y 40 toneladas por hectárea y año. Naturalmente, esto depende mucho de la naturaleza del terreno, que influye en el número de lombrices y su actividad. Estudios recientes han obtenido valores habituales entre 40 y 70 toneladas por hectárea y año, con localidades en donde se llega a casi 250 toneladas (y un centímetro de espesor). Arar la tierra para descompactarla y airearla había sido «uno de los más antiguos y valiosos inventos del hombre —afirma Darwin—; pero mucho antes de que este existiera ya era arada, y continúa siéndolo, por las lombrices».

El transporte de suelo, con toda su carga de microorganismos que se entremezclan verticalmente, hacia arriba y hacia abajo (pues las viejas galerías acaban colapsándose y originan imperceptibles hundimientos), es importante, pero también lo son los túneles en sí mismos. Por ejemplo, facilitan que el agua fluya hacia las capas profundas, y con ella los nutrientes para las plantas. También aumentan la porosidad y aireación del suelo (que asociadas a la humedad definen el tempero) y favorecen la profundización de las raíces, que en suelos muy compactos siguen la trayectoria de las galerías. En general, un suelo con lombrices es más suelto y tiene más capacidad para retener agua que un suelo sin ellas. Además, al pasar por el tubo digestivo de las lombrices se alteran las características biológicas del suelo. Darwin, una vez más, escribió: «Es una maravillosa reflexión saber que todo el mantillo superficial de cualquier espacio ha pasado, y seguirá pasando, cada cierto tiempo a través del cuerpo de las lombrices».

Pero eso no le ocurre solo al mantillo superficial. Además de las lombrices anécicas, a las que nos hemos referido casi exclusivamente hasta ahora, existen lombrices epigeas y lombrices endogeas. Las lombrices anécicas, escriben Jorge Domínguez y otros colegas de la Universidad de Vigo, suelen ser grandes y de color oscuro, y se reproducen con bastante lentitud; las lombrices epigeas, en cambio, viven siempre en el horizonte superior del suelo, entre la hojarasca y la materia orgánica en descomposición, de la que se alimentan, y acostumbran a ser pequeñas, coloreadas y con altas tasas metabólicas y reproductivas; las lombrices endogeas, por fin, poco pigmentadas, viven en las capas bajas del suelo, cerca del lecho mineral, se alimentan de tierra y de la materia orgánica asociada, y construyen galerías horizontales que llenan con sus propios excrementos.

Como buenas descomponedoras, a la par que bioturbadoras, todas las lombrices, y singularmente las epigeas, cuyas tasas de consumo y asimilación de alimento son más rápidas, aceleran la fragmentación de los residuos orgánicos y el reciclado de nutrientes, facilitando el trabajo de los microbios y hongos que se ocupan de esas tareas a nivel bioquímico. Además, los excrementos de las lombrices concentran nutrientes útiles para las plantas. Según algunas estimaciones, los turrículos contienen cinco veces más nitrógeno, siete veces más fósforo y once veces más potasio que los suelos de alrededor. Ello hace que sean colonizados por numerosos microorganismos vivos, que las lombrices se encargan de dispersar. David Wolfe asegura que las lombrices son en cierto sentido equivalentes a los animales filtradores del mar (como las ostras), pues cada día procesan entre el 10 y el 30% de su peso corporal en suelo (algunas alcanzan casi el 100%), y en ciertos ecosistemas son capaces de consumir todas las hojas que caen al suelo en el curso del año. «Actúan esencialmente —dice Wolfe— como batidoras ecológicas, fragmentando los restos de plantas, mezclándolos con la tierra y con los microorganismos vivos y muertos, y exponiendo áreas de su superficie externa para su transformación posterior en humus a cargo de los microorganismos descomponedores.»

En cierta medida las lombrices son los gigantes del subsuelo y suelen representar del 50 al 70% de la masa de invertebrados que habitan en él. Lógicamente, ni están ni pueden estar solas, como no lo están los elefantes en la sabana africana o las ballenas en el océano. De hecho, hay suelos sanos donde apenas viven lombrices. Pero, en general, son animales muy abundantes, sumando sin dificultades entre tres y diez millones de individuos, y varias toneladas de peso, por hectárea. Sorprende pensar que en algunos pastizales ganaderos hay más biomasa de lombrices en el subsuelo que biomasa de vacas y ovejas sobre él. Se utilizan cada vez con más frecuencia en vermicompostaje, que consiste en servirse de lombrices para transformar materia orgánica potencial contaminante (residuos de almazaras, hollejos de uva y otros frutos, etc.) en compost útil como fertilizante natural. Y en muchos lugares se ha probado una relación directa entre la abundancia de lombrices de tierra y la producción agrícola.

No podemos separar a las lombrices del resto de la biodiversidad edáfica. Toda ella es imprescindible y actúa lentamente para fabricar suelo vivo. Quizá las revoluciones agrícolas del siglo XX nos hayan hecho pensar que basta con arar la tierra, añadirle agua y fertilizantes, y controlar las plagas con pesticidas, para obtener buenas cosechas. O que los cultivos hidropónicos, sin necesidad de sustrato sólido, pueden darnos de comer. Pero son sueños infundados. Bien entrado el siglo XXI estamos tomando conciencia de la importancia de los mecanismos naturales que mantienen la fertilidad de los terrenos de una forma duradera, sostenible. Romper esos procesos antiquísimos puede llevarnos al desastre. La deforestación, los incendios, el sobrepastoreo y las prácticas agrícolas inadecuadas son las principales amenazas a la salud del suelo. Entre cincuenta y cien años de cultivo imprudente en las Grandes Llanuras de Norteamérica bastaron para que se redujera a la mitad el nivel de nutrientes, y todos recordamos que los desiertos o casi desiertos de Oriente Próximo fueron en su día el Creciente Fértil. Daily y sus colaboradores intentaron cuantificar las aportaciones del suelo vivo a la humanidad y concluyeron diciendo: «El suelo proporciona una variedad de servicios ecosistémicos tan fundamentales para la vida que su valor total solo podría expresarse como infinito».

3

GRACIAS A LOS HONGOS

(que sustentan la vida en tierra firme...)

Habrá quienes se sientan muy agradecidos a los hongos porque la búsqueda, recolección y degustación de setas les proporcionan grandes satisfacciones. Aunque menos, a buen seguro otros agradecerán a ciertos hongos su capacidad para generar alucinaciones. A este respecto, recuerdo mi sorpresa en Doñana, un día que seleccionábamos estudiantes para ayudar en vacaciones, cuando una muchacha, al ser preguntada por el motivo de su interés, respondió ingenuamente: «Espero encontrar aquí alguna seta que coloque» (no la escogimos; pobre). Pero, ya puestos, incluso sin comer setas ni aspirar a perder con ellas el sentido de la realidad podemos agradecer que otros lo hagan; por ejemplo, tal vez sin hongos Lewis Carroll nunca hubiera escrito *Alicia en el país de las maravillas* (seguro que recuerdan a la Oruga sugiriendo a una minúscula Alicia que al morder el sombrero de la seta crecerá, y mordiendo el tallo podrá decrecer. ¡Una alucinación típica!). Unos y otros están en su derecho, naturalmente, por más que las setas no sean sino los llamativos órganos reproductores (o cuerpos fructíferos) de algunos, no todos, los hongos. En otras palabras, amar a los hongos porque los boletus y níscalos son deliciosos, o por los efectos psicoactivos de los *hongos sagrados* mexicanos, es, más o menos, como juzgarse enamorado de las plantas por disfrutar oliendo una rosa, comiendo una pera o desayunando un zumo de naranja.

Claro que también existirá quien odie a los hongos porque padece, o ha padecido, alguna enfermedad relacionada con ellos, desde el molesto pie de atleta a las perturbadoras candidiasis o las comprometidas infecciones broncopulmonares por *Aspergillus*. El término *micosis* —que significa 'infección por hongos'— fue acuñado por el alemán Rudolf Virchow mediado el siglo XIX, antes de que Koch y Pasteur demostraran la capacidad infecciosa de las bacterias, y hoy se conocen varios cientos de especies de hongos patógenas para los humanos. Existen hongos, incluso, que manipulan la mente de las hormigas que parasitan, y alguna exitosa serie televisiva (*The Last of Us*) especula con que, tras una mutación, algo así podría ocurrirles a los humanos. Pero las micosis tampoco son representativas de lo trascendentales que son los hongos para nuestra existencia. Aceptemos que las infecciones (reales o imaginadas), junto con los daños que algunos hongos producen en la agricultura, han de computar en el debe, pero suma mucho más lo acumulado en el haber.

Las levaduras son hongos microscópicos, en general unicelulares, que producen fermentaciones y resultan por ello muy importantes en nuestra alimentación. Vinos y cervezas responden a la fermentación alcohólica de los azúcares de las uvas, en un caso, y la cebada, en el otro. Distintos tipos de levaduras darán lugar a diferentes tipos de vino y cerveza (se dice que las cervezas *lager*, las más consumidas hoy, responden a una fermentación en entornos fríos descubierta en monasterios de Baviera en el siglo XVI). También, las levaduras son responsables de que la masa formada por harina y agua aumente su volumen y dé lugar a la textura suave y esponjosa del pan, contribuyendo además a su aroma y sabor.

A menudo, las fermentaciones por levaduras y mohos (también hongos diminutos, pero pluricelulares y filamentosos) originan productos más duraderos que los originales, pues muchos hongos tienen propiedades antimicrobianas. El caso más conocido es el de los mohos del género *Penicillium*, que son muy frecuentes en el suelo e incluyen más de trescientas especies. A partir de una de ellas, el *Penicillium chrysogenum*, se obtuvo tras un largo proceso la penicilina. Otras especies del grupo son fundamentales en el proceso de elaboración de quesos tales como el roquefort, el camembert o el brie. Y unas pocas, por fin, producen toxinas que pueden afectarnos a los humanos.

Cuanto antecede sirve para dar una idea de la notable variedad morfológica y funcional de los hongos, capaces de generar setas, originar enfermedades, fermentar alimentos básicos, producir alucinaciones, *secuestrar* insectos y fabricar antibióticos que nos curan. Baste otro detalle: muchos hongos son microscópicos, ya lo hemos dicho, por eso sorprende más que los mayores organismos vivos conocidos, probablemente, también sean hongos, aunque apenas veamos de ellos, esporádicamente, algunas setas. Enseguida lo explicaré.

Ya hemos dicho que las setas (tanto las que crecen en superficie, o epigeas, como las que lo hacen bajo el suelo, o hipogeas, a las que solemos denominar trufas o criadillas de tierra) no son sino los cuerpos fructíferos (por analogía con los frutos de los vegetales) de algunos hongos, resultado de su reproducción sexual, donde se forman, y desde donde se diseminan, las esporas. En realidad, la mayor parte del hongo permanece oculto y está formado por una estructura mucho más sutil, que consiste en una maraña de delgados filamentos tubulares llamados *hifas* recubiertos por quitina, el mismo producto que forma los caparazones de los insectos. Su diámetro es tan solo de entre una décima y una centésima de milímetro, y su abundancia es tal que, cuentan los micólogos, si pudiéramos extraer, desenredar y alinear las hifas contenidas en un gramo de suelo, alcanzarían según los casos entre cien metros y diez kilómetros. La flexibilidad morfológica y funcional de las hifas es fascinante. En ocasiones se reúnen entre sí formando cordones (*rizomorfos*, o *rizobios*, visibles a simple vista, así llamados por su semejanza con las raíces), en otras se agrupan en masas de resistencia para soportar los periodos adversos, se acumulan y transforman para producir setas, etc. Las hifas crecen exclusivamente por su extremo y continuamente se ramifican, extendiéndose en todas direcciones. Eso hace que el crecimiento del hongo tienda a ser circular, como podrá atestiguar cualquiera que haya padecido micosis en la piel, o como revelan los famosos *corros de hadas* que forman las setas en algunos bosques. El conjunto de hifas de un hongo se denomina *micelio* y constituye una unidad funcional. Micelios de hongos, en parte visibles, con frecuencia invisibles, están en todas partes, creciendo bajo el suelo, entre las raíces de las plantas, bajo piedras o tocones, sobre madera u otros productos en descomposición, en las paredes, los viejos libros y las alfombras de nuestras casas, por supuesto en nuestras despensas, etc. Hoy sabemos que muchos metros por debajo del fondo de los océanos, entre las rocas y sedimentos, también pululan los hongos.

Mientras la genética molecular no avanzó lo suficiente resultaba difícil, por no decir imposible, detectar dónde acababan las hifas de un hongo individual y dónde empezaban las de otro. A menudo, incluso, resultaba complicado definir qué era un individuo, pues para serlo todas sus células debían compartir la misma información genética (a más de colaborar en lo que podríamos llamar un proyecto de vida común). Bueno, pues a principios de los noventa del siglo pasado tres investigadores americanos publicaron en la prestigiosa revista *Science* un pequeño artículo dando cuenta de que un «individuo genético» de una especie de hongo de la miel, del género *Armillaria*, se extendía a lo largo y ancho de cuando menos 37 hectáreas de bosque en Michigan; calcularon que tenía alrededor de 1.500 años de edad y pesaba más de cien toneladas (cercano al peso de una ballena azul, decían). Pocos años después se descubrió en el suroeste del estado de Washington otro hongo de la miel que ocupaba alrededor de 600 hectáreas. Y ya a las puertas del siglo xxi se encontró uno más, en el estado de Oregón, el récord por el momento, según creo, que se extiende sobre 965 hectáreas (aproximadamente mil quinientos campos de fútbol) y al que se le estima una edad de entre 2.400 y 8.650 años. El hecho de que los seres vivos mayores del mundo sean unos organismos discretos, que pasan inadvertidos pese a que bullen literalmente bajo nuestras botas, ¿no será, acaso, una pista de que los hongos hacen muchas cosas importantes a escondidas de nuestros ojos?

La principal tarea de los hongos, «solos o en compañía de otros», como antiguamente decían los atestados policiales, es descomponer la materia orgánica viva o muerta de su derredor, incorporando los productos resultantes (nutrientes) a su metabolismo. Lo de la compañía de otros viene muy a cuento, porque los hongos tienen una enorme capacidad de hacer amigos, de asociarse a formas de vida diferentes buscando beneficios compartidos. La prueba principal, omnipresente, la constituyen los líquenes, estrechas asociaciones de un alga (o una bacteria fotosintética) con un hongo que desafían el concepto de individuo al que nos referíamos antes. En 1869 el botánico suizo Simon Schwendener se atrevió a plantear que los líquenes no eran entes simples, como siempre se había creído, sino que estaban formados, en realidad, por la unión íntima de dos seres bastante distintos: uno de ellos, el alga, captaba el dióxido de carbono de la atmósfera y, con ayuda de la luz, producía azúcares (hidratos de carbono); el hongo, por su parte, ofrecía protección física y obtenía del sustrato otros nutrientes necesarios, como productos nitrogenados y fosforados. Infravalorando estas últimas aportaciones, Schwendener interpretó que el hongo mantenía «sabiamente esclavizada» al alga, aprovechándose de ella, pero en el fondo reconocía los beneficios mutuos, al admitir que juntos podían vivir donde ninguno de ellos lo haría por separado (hoy se sabe que el alga suele tomar la iniciativa: cuando encuentra un hongo compatible libera gran cantidad de carbohidratos, invitándolo a asociarse).

Los colegas de Simon Schwendener lo trataron con menosprecio (¿dónde se había visto eso de sugerir amores entre un hongo amo y un alga esclava?). Una de las críticas, ciertamente comedida, fue la famosa redactora y dibujante de cuentos para niños Beatrix Potter, creadora de *The Tale of Peter Rabbit* (*Perico el conejo,* en castellano), de cuya obra se venden anualmente millones de ejemplares en todo el mundo. Poca gente sabe que Potter, a más de autora de literatura infantil, fue una gran naturalista e ilustradora científica, especializada en la germinación de esporas de hongos (dibujó detalles del proceso que solo se describirían decenios más tarde). Se ha dicho que fue maltratada como científica por ser mujer y algo de eso hubo, pues en 1997 la Sociedad Linneana de Londres lamentó haber acogido sus trabajos, justo un siglo antes, con poca consideración. Pero el afán de ensalzarla ha llevado a mantener que fue asimismo precursora en el reconocimiento de los líquenes como seres mixtos. No es cierto. En una carta a su mentor científico y cartero rural Charles MacIntosh, que le facilitaba muestras, Potter expresó rotundamente su punto de vista: «No creemos en la teoría de Schwendener».

Quien sí creía, en cambio, en ella era el botánico alemán Albert B. Frank. Estudiando líquenes, percibió con claridad que la asociación entre alga y hongo era beneficiosa para ambos, que el hongo del liquen obtenía recursos del suelo para el alga y esta recursos del aire para aquel, y que un tipo de convivencia así, que no había sido descrita antes, merecía una denominación especial. En 1877 acuñó el término *simbiosis*, que con dificultades ganó crédito y más tarde fue aplicado a todo tipo de relaciones entre especies diferentes, en particular si resultan en provecho de ambas. Los líquenes, y con ellos la mera idea de la cooperación entre seres distintos, constituyeron toda una revolución en el pensamiento biológico y social en los albores del siglo xx. La selección natural de Darwin se había propagado, simplificada, como una defensa sin matices de la ley del más fuerte (ya saben, el «la tierra toda, el sol y el mar / son para aquellos que han sabido / sentarse sobre los demás» del poema de José Agustín Goytisolo que hiciera famoso Paco Ibáñez). Los líquenes abrieron la puerta a considerar que en el proceso evolutivo no siempre gana el más fuerte, pues a menudo resulta ventajoso asociarse, pactar, negociar acuerdos. En definitiva, que *El apoyo mutuo*, famosa obra del ruso Kropotkin escrita a finales del siglo xix como respuesta al darwinismo social, tiene todo el sentido biológico. El tiempo se encargaría de demostrar hasta qué punto dicho aserto era real (hoy sabemos que todos somos simbiontes, que vivimos gracias a la cooperación; lean el capítulo «Gracias a los microbios»).

La capacidad de los hongos para asociarse con diferentes organismos, ya sea de forma muy estrecha en los líquenes (dotados de una identidad única, bien que dual), ya de otras maneras en las que ambos copartícipes mantienen su carácter propio, sustenta toda la naturaleza en el mundo que conocemos. Para empezar, formaron y siguen formando suelo vivo a partir de las rocas. En general, los hongos se alimentan de materia orgánica, que disuelven en el exterior de sus cuerpos gracias a las enzimas digestivas segregadas por las hifas. Pero al menos desde 1997 se sabe que algunos hongos microscópicos literalmente comen piedras, degradando el carbonato con sus ácidos y aprovechando los nutrientes resultantes. Quienes mejor hacen esa tarea, no obstante, son los líquenes, pues cuentan con el apoyo energético que proporciona el alga para explotar medios con muy poco alimento. Los líquenes son muy resistentes a la radiación ultravioleta, a las altas y bajas temperaturas, a la desecación, etc., y aparecen en las rocas y otros hábitats de todos los ecosistemas del mundo, desde los desiertos cálidos a la Antártida. El canadiense Douglas Larson estima que en el 8 % de la superficie terrestre los líquenes son la forma de vida dominante. Degradando la roca, por la que tienen gran afinidad, y aprovechando también los propios restos de líquenes muertos sobre ella, forman materia viva a partir de los productos inanimados y dan lugar a los primeros suelos sobre los que podrá crecer la vegetación. Seguramente un proceso similar (protagonizado por bacterias y hongos, pues no se han descubierto líquenes fósiles tan antiguos) ocurrió en la historia de la Tierra hace más de 500 millones de años, antes de que la aparición de las plantas (¡los hongos no son plantas!) provocara un cambio sustancial acercándonos al tipo de suelos, y al mundo, que hoy conocemos. Pero ¿cómo surgieron las plantas y cómo consiguieron colonizar la Tierra? ¡Fue gracias a los hongos!

En 2014 se reunió en el Museo de Historia Natural de Londres un grupo ecléctico de investigadores capaces de desafiar los límites de sus respectivas especialidades para abordar problemas comunes. Se trataba, por un lado, de expertos en genómica, es decir en el análisis de genomas, o secuencias completas de ADN; por otro, de profesionales de la paleontología, estudiosos de fósiles, y en medio de ellos micólogos y botánicos, científicos dedicados al estudio de los hongos y las plantas. ¿Qué interés compartían? El simposio que los reunió se titulaba «Origen y evolución de las plantas y sus relaciones con los hongos», y sus conclusiones fueron ampliamente recogidas por los medios generalistas e incentivaron mucha investigación posterior. Explicaron que las primeras muestras (unas esporas) de plantas terrestres fósiles se registran hace 470 millones de años, cuando ya los hongos y los oomicetos (o falsos hongos; incluyen el tizón de la patata y el mildiú de la vid) microscópicos habían poblado la tierra firme. Todo apunta a que la aparición de las plantas resultó de la colaboración, o simbiosis, entre un alga verde que vivía en el medio acuático y era capaz de realizar la fotosíntesis, pero no de acceder a los nutrientes del sustrato, y un hongo capaz de explotar los recursos del suelo. Algo parecido, pero no igual, a los líquenes, que ya hemos dicho aparecen más tarde en el registro fósil.

Jean-Marc Selosse ha resumido muy bien la historia. Sumergidas, las algas pueden obtener todo lo que necesitan del agua que las rodea: luz, dióxido de carbono, nutrientes... Sin embargo, en tierra los recursos están compartimentados: la luz y el CO_2 se pueden capturar del aire, pero el agua y las sales minerales hay que tomarlas del suelo, y las algas no sabían ni podían hacerlo. Alguna de aquellas algas de agua dulce, pariente de las actuales caráceas (algas de buen tamaño comunes en aguas claras de nuestras latitudes), formó en la ribera una alianza con uno o más hongos y así consiguió salir del agua. A partir de esa coalición evolucionaron las plantas. Ocurrió hace unos 500 millones de años, según indica el reloj molecular, pero no se han encontrado restos fosilizados de aquellas pioneras. Sí que existen, en cambio, y muy bien conservados, fósiles de plantas que vivieron hace algo más de 400 millones de años en Rhynie, condado de Aberdeenshire, Escocia. Aquellas plantas eran rastreras y aún no habían *inventado* las raíces, pero ya tenían en el interior de sus tejidos (que por la forma de las células se sabe que estaban vivos en el momento de fosilizar) hifas ramificadas de hongos similares a las que lucen muchas plantas actuales.

La asociación planta-hongo resultaba beneficiosa para las dos partes, y con el tiempo evolucionaron estructuras tendentes a incrementar la superficie vegetal donde los hongos pudieran instalarse. Probablemente así surgieron las raíces, que además facilitaron el anclaje al suelo. La aparición de las raíces debió de ocurrir hace más o menos 360 millones de años. Las plantas, ya con raíces y hongos asociados, se expandieron y diversificaron, conquistando la tierra firme y modificando la composición de la atmósfera, la litosfera y el clima.

Imagino murmullos entre los más escépticos de ustedes: «Está bien, aceptemos que hace cientos de millones de años los hongos fueron imprescindibles para originar las plantas, e incluso que facilitaron la aparición de las raíces; pero ¿hemos de guardarles por eso cariño eterno?, ¿no hay motivos para agradecerles algo hoy en día?». Los hay: la asociación con hongos sigue siendo tan esencial para la inmensa mayoría de las plantas que sin ellos no podrían vivir.

En la primera mitad del siglo XIX diversos botánicos detectaron que había hifas de hongos que se asociaban físicamente a las raíces de los robles y otros árboles, también a las orquídeas, pero se pensó que se trataba de casos de parasitismo. Ya en la segunda mitad comenzó a abrirse paso la idea de que las hifas del hongo podían nutrir a la planta, y todo empezó a aclararse en los últimos lustros de la centuria. La culpa fue de las trufas, hongos subterráneos de perturbadora fragancia a los que se han atribuido capacidades afrodisiacas, y que desde siempre han atraído a los humanos y a los animales (se las ha buscado con cerdos, con perros y, sorprendentemente, siguiendo el vuelo de algunas moscas; unos y otros rastrean su complejo perfume, pues es un *cebo* que usa el hongo para atraer a dispersores de sus esporas). Hay unas 180 especies de trufas, pero solo se consumen unas pocas; la más cotizada y aromática es la trufa negra, *diamante de la cocina* a la que el compositor Rossini calificó como «el Mozart de las setas». En plena segunda Revolución Industrial, con el auge del comercio de bienes y servicios, el rey de Prusia Guillermo I, que adoraba las trufas, pensó que podían convertirse en un importante recurso económico. En consecuencia, encargó al Departamento de Agricultura de su país que estudiara la forma de producirlas a gran escala, y los responsables trasladaron la encomienda a su especialista más prestigioso, que no era sino Albert Frank (¿recuerdan? El mismo que acuñó el término *simbiosis*). Hay que decir de antemano que Frank fracasó estrepitosamente en su intento de cultivar trufas (hasta un siglo después no se descubrió en Francia la manera de inocular esporas del hongo en la raíz de los árboles, abriendo el camino a la truficultura), pero pocos fracasos habrán sido más gloriosos. Sus hallazgos, inicialmente no buscados, superaron todas las expectativas.

Frank era un observador minucioso y pronto se dio cuenta de que las trufas vivían estrechamente asociadas a algunos árboles, principalmente robles y avellanos. Hurgando bajo el suelo, observó que el micelio del hongo de la trufa envolvía, a modo de manto, los ápices de las raíces del árbol de una forma reiterada y sistemática. Impresionado por esa unión tan íntima, realizó numerosas ilustraciones, vigentes hoy, que la testimoniaban. Inevitablemente se acordó de la simbiosis y de los líquenes, y enseguida pensó que tanto el árbol huésped como el hongo de la trufa debían salir beneficiados de su relación. En 1885 publicó un artículo describiendo sus hallazgos e introdujo en el título el neologismo *micorriza* (del griego *myco*, que significa 'hongo', y *rhize*, 'raíz'), forjando un nuevo término científico para la historia. Escribió: «[...] ciertas especies arbóreas [...] no se alimentan de forma independiente en el suelo, sino que establecen regularmente una simbiosis con micelio fúngico, sobre todo su sistema radicular. Este micelio cumple una función de "enfermero húmedo" y realiza la nutrición completa del árbol desde el suelo». Como fuera muy criticado, al tachar de sensiblera y romántica su interpretación, dedicó largos años a investigar, haciendo crecer pimpollos tanto en suelo estéril como en suelo recogido en un pinar aledaño que sin duda contenía hifas de hongos; invariablemente, los retoños del suelo natural establecieron relaciones micorrícicas y crecieron más y mejor que los plantados en suelo yermo (casi el mismo experimento se había llevado a cabo siglos antes de forma inadvertida; durante mucho tiempo, los europeos fracasaron en el intento de aclimatar pinos en América del Sur y África; los piñones germinaban, pero las plántulas apenas crecían; solo por azar se descubrió que lo hacían sin problemas cuando eran plantados en suelo traído de Europa; con esos suelos de pinares viajaron los hongos europeos a todo el mundo).

Recordemos que las micorrizas son las estructuras conjuntas de hongo y raíz, aunque a menudo los comerciales anuncien y vendan como «las mejores micorrizas» simplemente esporas de los hongos que serán capaces de generarlas, con o sin bacterias radiculares. Las micorrizas que dibujó y dio a conocer Frank son ectomicorrizas (en griego, *ecto* significa 'fuera' o 'externo'), caracterizadas porque el micelio del hongo forma un manto o vaina sobre la raíz y las hifas se introducen entre los espacios intersticiales de las células radiculares, sin llegar a perforar su pared; el intercambio de nutrientes, por tanto, ocurre en el espacio intercelular. Son características de árboles de climas templados y fríos, como pinos, hayas, robles y encinas, abedules, castaños, etc., y los hongos que las forman son los que originan setas y criadillas de tierra. Mucho más extendidas, y también mucho más antiguas, son, sin embargo, las micorrizas arbusculares, llamadas a menudo endomicorrizas (*endo* es 'dentro, en el interior'), donde las hifas sí que penetran en el interior de las células de la raíz, ramificándose allí para formar unas estructuras denominadas *arbúsculos*, donde se intercambian los nutrientes y la información. Aunque mucho más difíciles de reconocer (entre otras cosas, es necesario el microscopio), las endomicorrizas se descubrieron pocos años después del trabajo de Frank, y ya en 1905 fueron maravillosamente dibujadas por el francés Gallaud. Distintos tipos de asociación entre raíces y hongos han aparecido independientemente muchas veces a lo largo de la evolución. Hoy, más del 90% de las plantas del mundo forman micorrizas. Aproximadamente en el 80% se originan endomicorrizas y en el 50% ectomicorrizas (en muchas plantas ocurren los dos tipos; ni que decir tiene que una misma especie vegetal puede asociarse con diferentes hongos, y una misma especie de hongo con diferentes plantas).

Sin duda, el éxito de la asociación, que en cierto modo puede considerarse un trueque, se debe a sus buenos resultados: el hongo suministra a la planta recursos del suelo (agua, nitrógeno, potasio, zinc, fósforo...), y a cambio la planta le aporta azúcares obtenidos del aire y también, se ha mostrado recientemente, ácidos grasos de reserva. Por su naturaleza filamentosa, por la enorme superficie de terreno que son capaces de explotar y por su extrema delgadez (son muchas veces más finas que la más estrecha de las raíces), las hifas pueden acceder a recursos que la planta nunca alcanzaría, o al menos no sin gran coste energético. Además, el hongo es capaz de disgregar los minerales del suelo y movilizar los nutrientes. Algunos cálculos estiman que las plantas derivan a sus hongos micorrícicos hasta el 30 % de los azúcares que fabrican, mientras que estos proporcionan a sus socios vegetales entre el 80 y el 100 % del nitrógeno y el fósforo que precisan. Además, en general, el intercambio es honesto: en experimentos de laboratorio, la investigadora Toby Kiers ha comprobado que una planta relacionada con dos hongos diferentes comparte más carbono (azúcares) con el que le ofrece más fósforo; a su vez, un hongo en contacto con dos plantas distintas cederá más fósforo a la que más carbono puede suministrarle. Ello supone que, aun carentes de cerebro, planta y micelio son capaces, en cada caso, de evaluar la situación, negociar, y tomar decisiones acordes a ello.

El trueque no es solo nutricio, va más allá. Planta y hongo enfrentan conjuntamente las adversidades, se defienden mutuamente. La planta alberga en sus raíces vesículas con material de reserva para los hongos, y estos producen toxinas y antibióticos que protegen al vegetal de parásitos y enfermedades. Además, la presencia del hongo estimula el sistema inmunitario de la planta. María José Pozo, del grupo granadino de mi recordado amigo José Miguel Barea en el Consejo Superior de Investigaciones Científicas, ha probado que las plantas micorrizadas son más sensibles a las señales de alerta procedentes de los tejidos dañados por patógenos (incluso lejos de la raíz), lo que les permite reaccionar antes y más intensamente a una agresión y a menudo rechazarla o minimizar sus efectos. Asimismo, la planta con micorrizas ajusta mejor la apertura y cierre de los estomas o poros de las hojas, evitando la pérdida de agua, mejora la expresión génica y con ella la calidad de los frutos y el número de semillas, etc. A pesar de ello, aunque muchos de los hongos micorrícicos (en particular, los que crean arbúsculos) necesitan a las plantas para vivir, no ocurre lo mismo a la inversa. Para muchas plantas, las micorrizas son imprescindibles en los periodos de sequía o escasez de nutrientes, sin ellas sucumbirían, pero cuando el suelo es muy rico y el agua y alimento abundantes, a los vegetales puede no merecerles la pena ceder sus azúcares a cambio de productos que les resultan fáciles de conseguir. En esos casos las micorrizas son escasas, aun a costa de un mayor riesgo para la planta si las cosas se tuercen. Eso ocurre, precisamente, en muchas de nuestras zonas agrícolas: regando y aportando a gran escala fertilizantes químicos, evitamos que las plantas necesiten micorrizar, e incluso favorecemos variedades que han perdido la capacidad de hacerlo; pero, a cambio, precisamos recurrir masivamente a los pesticidas para defenderlas, y sufren más por las sequías y las olas de calor.

Los hongos son muy abundantes y prolíficos. En ocasiones puede apreciarse casi a simple vista cómo las hifas se expanden, y los recolectores se asombran de la celeridad con que surgen y crecen las setas en los bosques. Se ha estimado que en nuestras latitudes las micorrizas suponen, nada más y nada menos, entre un tercio y la mitad de la biomasa del suelo, siendo allí el principal almacén de carbono. Toda esa maraña subterránea de micelios está conectada, formando redes cuyos nodos están en las raíces de las plantas, donde las células vegetales, fúngicas y bacterianas contactan estrechamente. Los botánicos, que conocían plantas carentes de clorofila y por tanto incapaces de realizar la fotosíntesis (como los chupamieles, *Cytinus* spp., del monte mediterráneo), no siempre podían explicar de qué forma obtenían el carbono. Algunas eran parásitas y lo robaban a otras plantas, pero en otros casos parecían estar desconectadas de sus vecinos. ¿Qué hacían? En 1960 un botánico sueco inyectó azúcares radioactivos a unos pocos árboles y tiempo después detectó radioactividad en unos vegetales sin clorofila cercanos, del género *Monotropa*. Demostró así por primera vez la transferencia de nutrientes a través de los canales fúngicos. Más tarde David Read, uno de los expertos en micorrizas más reconocidos, encontró la misma transmisión de productos entre plantas capaces de fotosintetizar: en suelos provistos de micorrizas la radioactividad inyectada a una planta pasaba a las cultivadas cerca; si no había micorrizas, quedaba restringida al árbol contagiado. Todavía faltaba demostrarlo en plena naturaleza, y lo hizo Suzanne Simard en Columbia Británica. Suzanne sabía que abedules y abetos compartían micorrizas, formaban parte de la misma red, pero no así los cedros; expuso plantones de abedules a dióxido de carbono marcado y un par de años después encontró el carbono radioactivo también en los abetos y no en los cedros. Y descubrió más: los abetos expuestos a poca luz, que fabricaban menos azúcares por sí mismos, obtenían más carbono que los que estaban al sol, sugiriendo que recibían más los que más necesitaban. El artículo fue publicado en 1997 en la revista *Nature* y editado por David Read, quien acuñó para la portada un símil afortunado: «The Wood Wide Web», «la gran red del bosque» (o de la madera, traducen algunos).

No discutiré los matices que diferencian la *red del bosque* de la *red global* (World Wide Web) que utilizamos todos (a menudo, confundiéndola con internet, la red de redes que le permite funcionar). Lo cierto es que, bajo el suelo, una malla tejida por micorrizas conecta entre sí a bacterias, hongos y plantas de la misma y de distintas especies. A través de esta red se intercambian materiales e información química y eléctrica (una planta puede avisar a otras del ataque de pulgones), y con frecuencia los nutrientes fluyen de donde más abundan a donde lo hacen menos. Ello ha motivado mucha literatura sobre la camaradería y solidaridad de los árboles, invocando un pretendido mundo feliz donde, bien hermanadas, plantas, hongos y bacterias *conversarían entre sí* y se repartirían los recursos, asegurando que a ninguno le falten (cuando lo leí por primera vez, recordé conmovido que Mario Benedetti, en el poema «De árbol a árbol», se había anticipado a los sabios: «¿le avisará la encina de Westfalia / al flaco alerce del Tirol / que administre mejor su trementina?»).

La realidad, no menos fascinante, es más prosaica. Es cierto que en algunos lugares se comparten tantos recursos a través de las redes micorrícicas que resulta difícil decir dónde acaba una planta individual y comienza otra, pues la comunidad vegetal parece funcionar como un todo coordinado. También es verdad que hay numerosos casos de evidente, por más que inconsciente, cooperación más allá de la simbiosis. En este libro apenas aparecen las rizobacterias pese a que merecerían, por su importancia, un capítulo completo; solo ellas son capaces de transformar el abundante nitrógeno del aire, biológicamente inactivo, en amonio, compuesto nitrogenado capaz de integrarse en el metabolismo de los organismos; hasta mediado el siglo XX, cuando se consiguió con enorme coste de energía la síntesis industrial de fertilizantes, gran parte del nitrógeno que formaba parte de las proteínas y ácidos nucleicos de los seres vivos, humanos incluidos, había sido fijado por rizobacterias (y cianobacterias en el mar). Pues bien, estas forman nódulos simbióticos en las raíces de unas pocas plantas, fundamentalmente leguminosas, y se ha demostrado que al menos algunas de esas plantas con rizobacterias comparten a través de las redes fúngicas el nitrógeno orgánico que acumulan con plantas a las que les falta. También sabemos que árboles moribundos pueden transferir recursos a otros jóvenes que los precisan más. Pero, incluso desde el punto de vista de los árboles (que es el que solemos utilizar, pues resulta mucho más fácil ponerse en la piel de un árbol que en la de un hongo o bacteria), la aparente solidaridad no es siempre el caso. Como en nuestra red informática, en la *red del bosque* hay de todo. Hay prestamistas, por ejemplo, que ceden recursos hoy para reclamarlos mañana. Y también hay piratas, *hackers* que engañan porque reciben de otros sin dar nada a cambio (las plantas sin clorofila de las que hemos hablado; al parecer, todas las especies de orquídeas se comportan así en alguna fase de su vida). Por los canales de hongos circulan bacterias, que pueden tanto ayudar como perjudicar a las plantas. Y también circulan venenos de los que usan algunas especies vegetales para eliminar competidores. En definitiva, no todo es generosa hermandad en la red de micelios.

En 2019 la Iniciativa Global de Biodiversidad de Bosques (GFBI), con la participación de Sergio de Miguel, de la Universidad de Lleida, publicó el primer intento de mapa global de las micorrizas, basado en el estudio de 28.000 árboles en más de setenta países. Se confirmó la sospechada importancia del clima (las micorrizas arbusculares son más abundantes en zonas cálidas y húmedas a baja latitud, y las ectomicorrizas en áreas frías y secas en latitudes más elevadas) y se advirtió sobre el riesgo de que el calentamiento global reduzca las relaciones ectomicorrícicas y resulte en un menor almacenamiento de carbono, con el consiguiente perjuicio para el clima.

Concluyo. Bajo cada planta, bajo cada árbol, hay hongos que los sustentan. Resulta difícil ignorar que les debemos todo. Merlin Sheldrake, joven autor del libro *La red oculta de la vida*, relató al pie de un gran árbol tropical panameño: «Allí estaban las delicadas estructuras que quería examinar. A partir de estas raíces se teje una red fúngica por el suelo y alrededor de las raíces de los árboles cercanos. Sin esta malla de hongos mi árbol no existiría. Sin estas redes, ninguna planta existiría. Toda la vida terrestre, también la mía, dependía de estos sistemas». Sobran motivos para dar las gracias a los hongos.

4

GRACIAS A LOS BUITRES

(que limpian el campo, controlando enfermedades...)

Desde niño he disfrutado viendo a los buitres planear en altos círculos sobre los farallones de los ríos Ebro y Rudrón, en la provincia de Burgos. De lejos resultan ciertamente atractivos, transmiten una sensación de libertad, se antojan, a la vez, inabordables e impresionantes, y se dirían ingrávidos, dueños del cielo (de hecho, quizá ninguna otra ave vuele más alto; en 1973 un buitre moteado —*Gyps rueppelli*— impactó con un avión que volaba a más de once mil metros de altura sobre el occidente de África). Muchos ciudadanos, hoy, se emocionan cuando descubren buitres en sus excursiones, los buscan con los prismáticos si están posados en los cantiles, e incluso organizan salidas con el objetivo principal —o casi único, como ocurre en el peñón de Zaframagón, al sur de la provincia de Sevilla— de visitar buitreras. En puridad, no cabe decir que los buitres tengan mala prensa.

Pero tampoco la tienen buena. Sus hábitos carroñeros los hacen antipáticos (de jóvenes, en una residencia universitaria, protestábamos por la pobre calidad de la comida coreando: «De los buitres la carroña, no comemos ni de coña»), y tampoco favorecen su imagen las cabezas y cuellos pelados, la aparente suciedad de sus nidos, e incluso su olor, si es que uno consigue acercarse lo suficiente a ellos.

Para mucha gente tienen un no sé qué repulsivo. Tal vez por eso la denominación *buitre* se antoja socialmente peyorativa, como ocurre al referirse a los fondos buitre, o cuando se habla de buitres del mercado o buitres de los negocios. En la pintoresca narración repleta de refranes atribuida al francés Ferdinand Denis *Los viajes de un Bracma, o la sabiduría popular de todas las naciones*, de la primera mitad del siglo XIX, se refiere la captura de un bergantín negrero por parte de un buque británico con la expresión «la fragata cayó sobre él como cae un águila sobre un asqueroso buitre». Y nada menos que el joven Darwin, tras detectar un aura, o gallinazo de cabeza roja americano (*Cathartes aura*), desde la cubierta del Beagle, escribió que se trataba de «un ave repugnante —*disgusting*—, con su cabeza calva diseñada para bucear en la putrefacción». Creo que son ejemplos suficientes.

¿Por qué motivo, entonces, habríamos de dar las gracias a los buitres salvo, quizá, por el hecho de adornar los cielos para nosotros? Habitualmente no lo advertimos, pero al eliminar con rapidez cadáveres del campo, los buitres nos están prestando, directa e indirectamente, un importante servicio sanitario y económico a todos.

Sobran argumentos para que a los humanos nos asquee la carne podrida. A lo largo de nuestra evolución como especie sobrevivieron hasta dejar descendencia los individuos a los que echaba para atrás el olor y el sabor de la carne en mal estado y murieron, en cambio, sin reproducirse o apenas hacerlo, los que la consumían sin reparos. Fallecían porque las carroñas acumulan toxinas y microorganismos nocivos como los que causan el ántrax (o carbunco; usado por terroristas en 2001, enviándolo por correo en Estados Unidos) y el cólera. Con frecuencia, animales de gran tamaño pueden morir, a veces en gran número, cuando se produce una epidemia de afecciones tales como la tuberculosis o la brucelosis, que también nos incumben. En esas circunstancias, nos viene muy bien que algo, o alguien, elimine los cadáveres, y con ellos los gérmenes, a la mayor brevedad posible. Eso lo hacen los buitres mejor que nadie.

Pensemos en las llanuras del Serengueti, atiborradas de gacelas, ñus, cebras y antílopes, que la mayoría conocemos al menos por los documentales de televisión. Casi todos diríamos que el mayor consumo de carne corresponderá allí a los leones, leopardos, hienas, perros cazadores y otras fieras que se nutren de aquellos. Sin embargo, los estudiosos estiman que los grandes depredadores (que también son carroñeros en ocasiones) dan cuenta apenas del 40 % de los 40 millones de toneladas de carne muerta que se generan en el Serengueti cada año, siendo el resto devorado por las aves carroñeras, las bacterias y las larvas de insectos. Evidentemente, los buitres, que reúnen enormes concentraciones, son capaces de hacerlo en un tiempo récord (el cadáver de un elefante de 4.000 kilos apenas les dura unos pocos días), mientras que las bacterias y larvas se demorarán mucho más, facilitando la dispersión de los patógenos. Los buitres actúan como aceleradores del proceso, inevitable e imprescindible, de la descomposición y reciclado de los nutrientes.

Como estos carroñeros son muy hábiles encontrando cadáveres, pueden ayudar no solo a reducir la expansión de las epidemias, sino también a detectar cuándo y dónde se producen, proporcionando información fundamental para controlarlas. La investigadora Corinne Kendall, financiada por la National Geographic Society, marcó con radioemisores varios buitres de dorso blanco africanos (*Gyps africanus*) en Tanzania. Cuando la señal que recibía de alguno de ellos mostraba que se hallaba detenido por cierto tiempo, interpretaba que en aquel lugar se encontraba una carroña, y así pudo localizar no solo en dónde se había iniciado una epidemia de ántrax entre los ungulados salvajes, sino también de qué manera se había extendido y en qué momento y lugar terminó. Asimismo, el seguimiento sirvió para estudiar los efectos de una enfermedad dermatológica en las jirafas del parque nacional de Ruaha, al detectar cadáveres gracias a los buitres y estudiar si estaban o no afectados por el mal (hay que decir, por otra parte, que esta capacidad de los buitres para señalar la ubicación de grandes carroñas les está haciendo mucho daño en África: los furtivos los matan, generalmente con veneno, para evitar que ilustren a los guardas sobre los lugares donde han cazado ilegalmente, por ejemplo algún elefante para obtener su marfil).

Técnicamente, los buitres se consideran carroñeros obligados, en el sentido de que solo pueden vivir de carroña (las historias periodísticas de nuevo cuño sobre furibundos ataques al ganado no son en su mayoría sino *fake news*). Pero, al ser los cadáveres de vertebrados un recurso muy rico en energía, hay otras especies que también los consumen ocasionalmente, cuando los encuentran y no tienen competencia, aunque por lo regular se alimenten de otros productos. A tales especies se las conoce como carroñeras facultativas, lo que significa que pueden ser o no ser carroñeras, e incluyen águilas, milanos, zorros y lobos, urracas y cuervos, osos, jabalíes, etc. Cabe predecir que si las carroñas abundan y los buitres faltan, las poblaciones de carroñeros facultativos irán en aumento. También se extenderán, al menos en teoría, los patógenos y las enfermedades. Algo de eso ha ocurrido en la India tras unas catastróficas mortandades de buitres, con consecuencias muy desafortunadas para la población humana.

Con gran cantidad de alimento a su disposición (en parte, las vacas sagradas, que los humanos no consumían) y respetados habitualmente por la población, los buitres eran muy abundantes en el llamado subcontinente indio. La especie más numerosa era el buitre dorsiblanco bengalí (*Gyps bengalensis*), similar a nuestro buitre leonado, pero también eran comunes el buitre de pico largo (*Gyps indicus*), el buitre de pico fino (*Gyps tenuirostris*) y, en las montañas, el buitre del Himalaya (*Gyps himalayensis*). En los años ochenta del siglo xx se contaban en el parque nacional de Keoladeo, en el estado indio de Rajastán, hasta doce nidos de buitre dorsiblanco por kilómetro cuadrado, mientras que en la ciudad de Delhi se estimaba una media de tres nidos por kilómetro cuadrado. En aquella época se consideraba a esta especie como el ave rapaz de gran tamaño más numerosa del mundo.

Mas, de pronto, los buitres de Keoladeo empezaron a morir. Se los veía enfermos, con los cuellos caídos, inmóviles en sus posaderos durante horas o días, antes de sucumbir. En el parque citado, la población reproductora de buitres dorsiblancos y buitres de pico largo bajó de 250-350 parejas reproductoras en 1985 a cero en el año 2000. En poco tiempo, el problema se extendió a gran parte de la India y los países cercanos, afectando al menos a tres especies. Nadie se explicaba lo que estaba ocurriendo. Los conservacionistas hicieron análisis de los cadáveres buscando restos de venenos, pesticidas agrícolas y metales pesados, pero ninguno se detectaba en cantidades suficientes para justificar la masacre. En la necropsia, a la mayoría de los ejemplares se les diagnosticó gota visceral, es decir la presencia en las vísceras de ácido úrico cristalizado. Pero los veterinarios pensaban que esta gota, derivada de un fallo renal, podía ser una consecuencia del mal original, y no el problema en sí mismo. Empezó a especularse sobre algún virus desconocido y mortífero y a temerse por el futuro de todos los buitres del mundo (al menos, los del género *Gyps*).

Entre tanto, científicos de distintas universidades estadounidenses y de la Sociedad Ornitológica de Pakistán iniciaron una investigación lenta, pero muy rigurosa, sobre el asunto. Como debe hacerse en ciencia, avanzaron paso a paso, analizando posibilidades y descartando las que se probaban erróneas («no se ajustaban a la evidencia», suele decirse). De alguna forma, actuaron como detectives para identificar al malo de la película. Entre 2000 y 2002 recogieron los cadáveres de 259 buitres dorsiblancos pakistaníes. El 85 % de ellos mostraban cristales de ácido úrico en las vísceras. Seleccionaron una muestra de los que llevaban menos tiempo muertos, en los que sería más probable obtener buenos resultados de los análisis, y se concentraron en 28 ejemplares con gota y 14 sin ella. La mayoría de estos últimos habían muerto por causas reconocibles (traumas, veneno, etc.), en tanto que los primeros, que en general presentaban buena condición física, no tenían más lesión que una severa necrosis tubular en los riñones. Al faltar la inflamación (que sería indicativa de infección) y la fibrosis (que podría sugerir una lesión crónica), los veterinarios concluyeron que el problema había sido reciente y la muerte había ocurrido en poco tiempo. Parecía un envenenamiento, pero aun así no descartaron otras causas.

Analizaron los tejidos tratando de relacionarlos con todos los factores que se sabían capaces de afectar al funcionamiento renal en aves y mamíferos. Descartaron así la posible intoxicación por cadmio, mercurio, arsénico, pesticidas organoclorados y organofosforados y PCB. Tampoco detectaron infecciones por gripe aviar, bronquitis, fiebre del Nilo ni otros virus identificables. Había que buscar por distinto camino. Pensaron entonces, y acertaron, que los buitres tal vez habían empezado a ingerir con su alimento algún tóxico que antes no existía. Como la base de su condumio eran los animales domésticos, orientaron la búsqueda a los profesionales y clínicas veterinarias, llevando a cabo una encuesta. ¿Qué productos químicos se prescribían con más frecuencia a las vacas, búfalos de agua y al resto del ganado? Cuando obtuvieron una lista, se preguntaron: ¿cuál, o cuáles, de aquellos fármacos se absorbían oralmente y podían afectar a los riñones? Solo encontraron un candidato, el analgésico y antiinflamatorio no esteroideo llamado diclofenaco sódico, que también se utiliza en la medicina humana y que desde hacía unos pocos años había empezado a inyectarse a los animales domésticos. Su efecto era muy rápido y la mayoría de las vacas y búfalos tratados mejoraban en poco tiempo, de forma que se había hecho muy popular. Pero los animales que no llegaban a curarse y morían llevaban el diclofenaco en su cuerpo.

¡Bingo! Análisis finos mediante cromatografía y espectrometría de masas permitieron detectar trazas de diclofenaco en los riñones del 100 % de los buitres muertos con gota, mientras que ninguno de los muertos sin ella lo mostraban. Pero se llegó a más: los investigadores ofrecieron oralmente diclofenaco a seis buitres cautivos irrecuperables; a dos de ellos, dosis altas, a otros dos, dosis diez veces más bajas, y a los dos últimos, la misma dieta pero sin el producto; los primeros y uno de los segundos desarrollaron gota y murieron entre 36 y 58 horas después de haber comido, otro sobrevivió enfermo, y nada les ocurrió a los dos últimos. No cabían dudas, el asesino buscado era el diclofenaco. Los resultados se publicaron el año 2004 en la revista *Nature*. Dado el hábito de los buitres de concentrarse en grandes números para comer y hacerlo en muchas carroñas distintas, los modelos matemáticos mostraban que bastaba con que una pequeña proporción de reses muertas contuvieran ese producto para ocasionar elevadas mortandades.

Por entonces, los buitres seguían muriendo. Censos en

la India mostraron que entre 1992 y 2007 los buitres dorsiblancos habían disminuido un 99,9 % (¡solo quedaba uno de cada mil!), en tanto que el conjunto de buitres de pico largo y pico fino lo habían hecho en un 96,8 %. La Unión Internacional para la Conservación de la Naturaleza declaró a las tres especies «en peligro crítico de extinción». En 2006 el diclofenaco para uso veterinario fue prohibido en el país, así como en Pakistán y Nepal, pero estudios recientes muestran que continúa usándose. En 2018 se ha cancelado también la producción en la India de diclofenaco inyectable, independientemente de los fines para los que pretenda utilizarse (es decir, también el destinado a uso humano).

Lógicamente, si el papel de los buitres es tan relevante para la ecología y la salud humana como venimos anunciando, una reducción dramática de su abundancia debería tener consecuencias. Algunos autores han relacionado la pérdida de los buitres con un aumento sustancial de los casos de carbunco en la India, pero expertos de la Organización Mundial de la Salud piensan que, aunque posible, no está suficientemente demostrado. También hay quien opina que ha aumentado la contaminación del agua en los pozos y la de los alimentos por parte de las moscas, que ahora son más abundantes y moverían gérmenes de las carroñas a la comida. Pero no hay datos concluyentes para confirmarlo. Existe sin embargo más consenso sobre la creciente abundancia y el importante papel de los perros cimarrones. Como era previsible, la ausencia de carroñeros especializados ha hecho explotar las poblaciones de carroñeros facultativos, en particular ratas y perros. En un muladar del oeste de Rajastán donde se contaban aproximadamente 60 perros asilvestrados en 1992, había no menos de 1.200 en el año 2000. Y ese aumento de los perros sin dueño y sin cuidados veterinarios (se calcula que hay más de

18 millones en la India) ha repercutido directamente en un incremento de los casos de brucelosis, moquillo y, lo que es más preocupante, rabia.

La población humana de la India tiene la tasa de infección por rabia más alta del mundo, pese al incremento de la vacunación, y ello es debido en gran medida a las mordeduras de perros más o menos asilvestrados. Un equipo de investigación liderado por Anil Markandya ha estimado, a partir de datos oficiales, que entre 1992 y 2006 se produjeron en el país 40 millones de dentelladas de perros por encima de lo esperable, a juzgar por lo que era habitual en años anteriores. Además, calcularon que ello se habría traducido en cerca de 50.000 muertes por rabia, en su mayoría entre gente pobre en zonas rurales. Si los buitres hubieran estado allí, al menos una parte de ellas podrían haberse evitado. Con muchas reservas, pues se basan en numerosas asunciones y aproximaciones indirectas, los estudiosos calculan que el coste monetario para la salud humana del incremento del número de perros relacionado con la escasez de buitres podría llegar a 34.000 millones de dólares para el periodo de 1993 a 2006 (estos cálculos, repito, son fáciles de criticar y deben tomarse como orientativos, pero aunque el valor real fuera diez veces menor, ya sería significativo).

Markandya y sus colaboradores reconocen muchas otras aportaciones por las que deberíamos estar agradecidos a los buitres de la India, y que tal vez podrían estimarse económicamente. Por ejemplo, había gente pobre que aprovechaba la piel del ganado recién muerto, facilitando así el acceso a la carne por parte de los carroñeros alados. Otros esperaban luego a que estos terminasen su labor para vender los huesos limpios a fábricas de abonos y colas. En la actualidad, muchos cadáveres son incinerados (con el coste consiguiente) incluso antes de ser desollados, y los huesos de los no incinerados tardan mucho en desnudarse y tienen poco valor por su contaminación y escasa limpieza. Los estudiosos también aprecian el valor escénico, por supuesto, y el atractivo que los buitres tenían para los turistas. E incluso han considerado, en el lado opuesto, que la desaparición de los buitres puede haber reducido los riesgos de accidentes aéreos.

De todos modos, una de las consecuencias más llamativas, y desde nuestra perspectiva menos esperable, de la repentina ausencia de buitres ha sido la tragedia cultural, e incluso económica, que ha representado para la minoría religiosa de los parsis, de inspiración zoroástrica. Descendientes de persas que dejaron su país en el siglo VII huyendo de los musulmanes, están presentes en Pakistán y la India, sobre todo en Bombay (parsis famosos han sido, entre otros, el solista de Queen Freddie Mercury y el director de orquesta Zubin Mehta). Como buenos seguidores de Zoroastro (o Zaratustra), los parsis consideran que los cadáveres no pueden ser enterrados porque contaminan la tierra; tampoco pueden ser quemados, pues contaminan el fuego y el aire; y no pueden ser arrojados al río porque contaminan el agua (tierra, fuego, aire y agua son sagrados para ellos). Por ese motivo, desde hace muchos siglos los parsis, como los iraníes de los que proceden, han erigido unos monumentos funerarios cerrados, las *torres del silencio*, donde depositan a sus difuntos para que sean devorados exclusivamente por carroñeros alados, singularmente buitres. Así que cuando los buitres faltaron, los cadáveres de los fieles, que antes apenas persistían media hora, se eternizaban y descomponían, ya que cuervos y milanos eran demasiado pequeños para acabar con ellos. Los parsis han llegado a ofrecerse para financiar proyectos de cría en cautividad y reintroducción de buitres, una vez que el diclofenaco ha sido prohibido, pero entre tanto debaten sobre la legitimidad desde el punto de vista religioso de usar cremación eléctrica, y en algunas torres han instalado potentes paneles solares que concentran el calor y acaban con los cuerpos en tres días. Algunos jóvenes fieles, también hay que decirlo, proponen que la milenaria práctica de abandonar los cadáveres pase a la historia, pero los ortodoxos opinan que ello podría suponer el comienzo del fin de sus creencias. Claramente, para los parsis los buitres no se limitan a prestar a la humanidad un servicio cuantificable, su contribución a la felicidad es mucho más compleja.

Parece pertinente preguntarse por qué, y cómo, los buitres toleran bacterias y toxinas nocivas que matarían a muchos otros vertebrados (entre ellos nosotros). En su caso, el aparato digestivo es el punto final para muchos de estos patógenos. Una respuesta casi banal se ampara en la selección natural. Los carroñeros especializados tienen pocas y espaciadas ocasiones de comer, pero su alimento, cuando lo encuentran, está concentrado (en otras palabras: no abundan las carroñas, pero en cada una de ellas hay mucho sustento). En tales circunstancias no pueden hacer remilgos, tienen que aprovechar todas y cada una de las oportunidades de comer, sea cual sea el estado de la carne. Por este motivo, a lo largo de los milenios han salido adelante los individuos capaces de desactivar a los patógenos. Las cabezas y cuellos pelados de los buitres, por ejemplo, que tan poco estéticos nos resultan, dificultan que los microorganismos se adhieran al cuerpo y facilitan la limpieza. Pero además, desde hace tiempo se sabe que sus jugos gástricos son muy ácidos, cercanos a un pH = 1-2 (en una escala de 0 a 14, donde el 0 es lo más ácido y el 14 lo menos; el pH en el estómago humano es de 3,5 a 4), y esa acidez destruye prácticamente todo lo que ingieren.

Bueno, para ser más exactos, todo no. Investigadores daneses de las universidades de Aarhus y Copenhague han estado años trabajando con el microbioma de los buitres americanos, especialmente el aura o gallinazo de cabeza roja que tan mala impresión causara a Darwin. Llamamos microbioma al conjunto de microbios que ocupan un ambiente determinado, que en este caso sería el cuerpo del propio buitre (ver el capítulo «Gracias a los microbios»). Lo primero que descubrieron fue que, a diferencia de lo que ocurre en otros vertebrados, incluido *Homo sapiens*, los auras tenían una diversidad microbiana mucho más alta en la cara y el cuello que en el intestino. Cuando comían en los cadáveres, empezando no pocas veces por el ano, un lugar de fácil acceso sin necesidad de romper la piel, se llenaban de bacterias de muchos tipos, generalmente perniciosas, pero a lo largo de la digestión iban eliminando todas menos las de dos grupos, las fusobacterias y las del género *Clostridium* (causantes del botulismo), que aun siendo fatales para la mayoría de los animales, componían la esencia del microbioma intestinal de estos buitres. No solo eso: además de terminar con otras bacterias competidoras, estas supervivientes tóxicas generaban biopelículas protectoras y ayudaban a su hospedador a digerir la carne de la que se alimenta.

Pero ¿cómo se las arreglan los buitres para sobrevivir a esas toxinas y bacterias? Es más, con tantos microbios patógenos en la piel, ¿cómo hacen para que no se les infecten las heridas, que se producen con cierta frecuencia en las peleas por la carroña? La respuesta está en su poderoso sistema inmunitario, tanto innato como adquirido a lo largo del desarrollo. En los últimos años se han producido grandes avances en el estudio de la resistencia genética e inducida a infecciones y toxinas por parte de los buitres, ya sean del Nuevo o del Viejo Mundo (conforman dos familias distintas, alejadas evolutivamente pero con hábitos y adaptaciones similares). Los estudiosos daneses que mencioné antes, junto con algunos colegas mexicanos y de otros países, han descubierto que tanto el aura como el zopilote negro (*Coragyps atratus*) utilizan bacterias para defenderse de otras bacterias, tanto en la cabeza como en el aparato digestivo, y han localizado genes con actividad antiparasitaria e insecticida en la piel desnuda del rostro. Por su parte, investigadores coreanos han secuenciado el genoma del buitre negro (*Aegypius monachus*) y localizado genes asociados con la potente respuesta inmune y la capacidad de producir una secreción gástrica muy ácida, sugiriendo cierta evolución convergente en esos rasgos con los buitres americanos. En el mismo sentido, la joven Lourdes Mateos, del Instituto de Investigación en Recursos Cinegéticos (IREC) de Ciudad Real, presentó hace unos años una tesis de fin de máster donde, investigando sobre genes expresados en glóbulos blancos (leucocitos) del buitre leonado (*Gyps fulvus*), identificaba moléculas clave relacionadas con la protección frente a los patógenos y toxinas.

¿Qué cabe hacer cuando, o donde, no existan buitres que eliminen los despojos? Parece claro que la tarea de limpieza que prestan los buitres, a diferencia de otras muchas entre las que nos brinda la naturaleza, puede reemplazarse, siquiera aproximadamente, con esfuerzo humano. Dicho de otro modo, las reses muertas pueden ser recogidas, transportadas a una planta de tratamiento e incineradas. Eso sí, ¿a qué coste? Distintos investigadores españoles, en particular del grupo de Toni Sánchez Zapata, de la Universidad Miguel Hernández de Elche, junto con amigos míos de Doñana liderados por José Antonio Donázar, han trabajado mucho sobre estos asuntos. Antoni Margalida estimaba en 2012 que los buitres españoles retiraban del campo entre 5.500 y 8.500 toneladas de carne cada año, cifra que más tarde se ha redondeado en cerca de 10.000. Los costes de recoger y eliminar (o tratar de alguna manera) ese material se han cifrado entre uno y dos millones de euros, lo que probablemente sea una subestimación (aunque, por el lado contrario, pueda ser algo exagerado el cálculo publicado por la SEO —Sociedad Española de Ornitología— según el cual las contribuciones de los buitres a los humanos alcanzan los 10.000 euros por ejemplar y año).

Pero no se trata solo de dinero. Como consecuencia del brote de la enfermedad de las vacas locas (encefalopatía espongiforme bovina) transmisible a los humanos que surgió a finales del siglo XX, las autoridades sanitarias europeas prohibieron a partir de 2002 abandonar cadáveres de animales en el campo; todos debían ser recogidos, trasladados y destruidos. Naturalmente, ello contradecía las políticas, también europeas, de conservación ambiental, en particular de las aves carroñeras. Privados de gran parte de su alimento habitual (los animales que morían en explotaciones ganaderas), los buitres comenzaron a fracasar al reproducirse, y los jóvenes a morir con más frecuencia. La prohibición se ha ido suavizando desde 2003, y sobre todo en 2011, aunque muchas carroñas sigan siendo trasladadas a las plantas de tratamiento. Zebensui Morales, de la Universidad Miguel Hernández de Elche, junto con otros colegas, ha hecho cálculos sobre las toneladas de gases de efecto invernadero que fueron liberados a la atmósfera en España como consecuencia del transporte de reses muertas a los centros de cremación, estimando que fue necesario recorrer, como mínimo, casi 50 millones de kilómetros por año, lo que supuso emitir a la atmósfera nada menos que 77.300 toneladas de CO_2. A España le será más fácil cumplir los acuerdos internacionales de reducción de gases de efecto invernadero si protege y conserva a sus buitres que si no lo hace, porque no solo hemos de agradecerles que nos libren de enfermedades, sino también que nos ayuden a mitigar el calentamiento global.

No todas las especies de buitres están capacitadas para terminar en poco tiempo con grandes cadáveres. Algunas son de relativamente pequeño tamaño, y de no formar grandes concentraciones (como hacen los jotes o zopilotes negros americanos) difícilmente acabarán con muchas carroñas antes de que se corrompan. En la mexicana Baja California, por ejemplo, hemos visto ocasionalmente a grupos de auras alimentarse sobre enormes ballenas varadas, que obviamente no son capaces de eliminar, pero más a menudo individuos solitarios o en grupos reducidos patrullan la costa y se alimentan de pequeños animales que el mar saca muertos a la playa o de descartes de los pescadores en las inmediaciones de los pueblos. Actúan más como recogedores de basura que como eliminadores de grandes cantidades de carne. En muchas zonas de África y el sur de Eurasia, la especie que principalmente cumple ese papel es el alimoche (*Neophron percnopterus*), al que algunos conocerán por aquel individuo llamado Gaspar que usaba piedras para romper los huevos que le ofrecía Félix Rodríguez de la Fuente.

Cuando yo era niño, y de eso hace siete décadas, en los alrededores del pueblo de Sedano, en el norte de Burgos, había al menos tres nidos de alimoches, allí llamados baribañuelas (se trata quizá del ave con más nombres cultos y vernáculos en castellano, entre otros: buitre blanco, buitre egipcio, buitre sabio, blanquillo, maría blanca, comemierda, boñiguero, guirre [en Canarias], abanto, borreguero, quebrantahuesos blanco, etc.). En Sedano en aquella época casi nada sobraba, apenas se generaban desperdicios, pero lo poco que se abandonaba lo consumían las baribañuelas, que resultaban simpáticas a la gente. Pero pronto las cosas cambiaron, cada vez se producía más basura (que en parte acababa en el río) y hubo que empezar a retirarla, alguien se quejó de que los nidos de la baribañuela olían mal y podían ser foco de infecciones, algún año fueron destruidos, y en poco tiempo las aves desaparecieron. En la actualidad el blanquillo es una de las especies de buitre más amenazada globalmente. Mis amigas Laura Gangoso y Rosa Agudo, que han estudiado los guirres canarios, viajaron con otros compañeros a la remota isla de Socotra (Yemen), frente al Cuerno de África, donde existe la población de alimoches más densa del mundo. Estimaron que en la isla vivían unos 2.500 ejemplares, casi todos ellos asociados a los asentamientos humanos, y pronto vieron que mantenían una relación mutualista con la gente: esta les proporcionaba abundante alimento, casi siempre sin conciencia de hacerlo, y a cambio los carroñeros limpiaban pueblos y ciudades de desperdicios, restos de ganado, heces humanas, etc., disminuyendo de paso el riesgo de infecciones. De hecho, los isleños llaman al ave *soeydu*, que literalmente significa 'cubo de basura'. Probablemente la vinculación entre humanos y alimoches en Socotra era la misma que existió en Sedano, y en muchos otros lugares del mundo, en un pasado no tan remoto, relegada al olvido por los cambios sociales y económicos de los últimos setenta años.

¿Y en los lugares donde no hay buitres porque la meteorología dificulta su existencia (son aves planeadoras y necesitan corrientes térmicas ascendentes)? Richard Inger y otros colegas depositaron cadáveres de ratas en tres ciudades de tamaño medio (unos 200.000 habitantes) del Reino Unido y grabaron con cámaras automáticas lo que ocurría. El 67 % de ellos fueron consumidos por cornejas (*Corvus corone*), urracas y zorros. Los investigadores concluyeron: «Los carroñeros vertebrados proporcionan en las urbes un servicio ecosistémico clave en términos de eliminación de restos animales. Sin embargo, pasa inadvertido a menudo y las especies que lo proporcionan se cuentan entre las más despreciadas y perseguidas».

Con o sin vertebrados carroñeros, los insectos tienen un papel destacado en la supresión de cadáveres. Hace más o menos cuarenta años, Fernando Hiraldo y yo mismo estuvimos estudiando en la reserva de La Michilía de la Sierra Madre Occidental (México) el proceso de eliminación de carroñas, utilizando como modelo cerdos muertos que nos cedía una granja cercana. Tan solo uno de ellos fue ignorado por los buitres y comprobamos sorprendidos como en poco más de una semana se desvaneció, consumido por escarabajos y larvas de moscas que apenas dejaron huesos y restos de piel. Como saben, tal es el fundamento de la entomología forense, que permite estimar el tiempo que lleva muerto un cadáver por la fauna de insectos que incluye: primero llegan moscas de distintas familias que depositan huevos en las aberturas naturales; de ellos nacen larvas (gusanos) que se nutren de los tejidos en descomposición; más tarde acceden escarabajos estafilínidos que consumen larvas y huevos de mosca; cuando las larvas han crecido, se retiran y forman pupas, pero mientras tanto se suman al festín los escarabajos derméstidos, especializados en comer cuero y pelo... Incluso sin insectos, un cadáver acabaría siendo descompuesto por bacterias y hongos. La diferencia es el tiempo. La carroña de una oveja puede ser consumida en pocas horas por los buitres, en una semana por los insectos, y necesitaría un plazo mucho más largo si solo bacterias y hongos dieran cuenta de ella. En todo caso, es la naturaleza viva la que nos libra de esos detritos.

5

GRACIAS A LOS MICROBIOS

(que viven con nosotros, que *son* nosotros...)

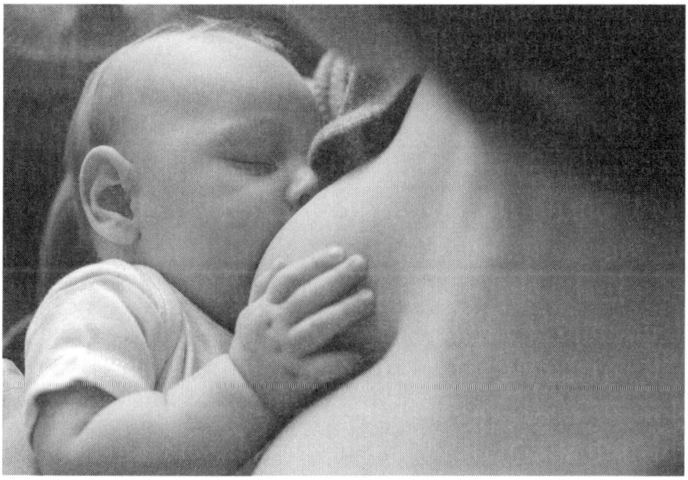

—Con la que nos ha caído con el maldito coronavirus, ¿cómo se atreve usted a manifestar agradecimiento a los microbios?

—Hay mucho que hablar del tema, pero confío en que acaben dándome la razón. Para empezar, el término *microbio* es ambiguo, se refiere simplemente a seres vivos tan pequeños que no podemos verlos, y en ese colectivo existe una gran diversidad. En tamaños, formas de vida, relaciones con los humanos, papel en los ecosistemas... Hablaremos un poco de todo, a ver si nos aclaramos.

Hace muchos años descubrí que era asmático de una forma peculiar. Me desplazaba en bicicleta desde Sevilla a Los Palacios cuando un reiterado y apenas audible pitido me perturbó. No dudé en atribuirlo a una rueda rozando con la zapata del freno, y aunque no advertía impedimento al pedalear, decidí que era mejor remediarlo para no gastar energía en balde. Me detuve, por tanto, a la sombra de un eucalipto (entonces aún crecían a orilla de las carreteras), y mi sorpresa fue enorme al constatar que el pitido se mantenía aunque la bici permanecía inmóvil. Tardé en asumir que era yo mismo quien pitaba. Aquello fue a más y me diagnosticaron asma de esfuerzo, pero pasados unos años, y ya sin esfuerzos de por medio, una noche en Valladolid sentí que me ahogaba en la cama, y entonces Jesús Blanco, el médico que atendía a mi padre, fue muy rotundo: «Debes asumir que eres asmático, un mal crónico, y que necesitas un tratamiento continuado; tendrás que usar un inhalador dos veces al día...». Me explicó su funcionamiento, y como de pasada, cuando ya nos despedíamos, añadió: «Ah, y no olvides enjuagarte bien boca y garganta tras cada inhalación, pues de otro modo se te llenarán de hongos». La advertencia me descolocó. «¿Cómo?, ¿es que recetáis productos que atraen a los hongos?» Sonriendo, me regaló una breve lección de microbiología: «No, hombre, no, es mucho más sencillo que eso. Toda tu boca, como el resto de tu cuerpo, está llena de microbios. Es todo un ecosistema, podrías decir tú, tan complejo o más que el monte mediterráneo de los linces y los conejos que estudiáis. Los hongos están por ahí, son como okupas, lo que llamaríais especies oportunistas, capaces de aprovechar cualquier hueco para instalarse. Y la boca es muy accesible. Normalmente, las bacterias de la boca defienden el nicho que a los hongos les gustaría llenar, y lo que hace el inhalador, por desgracia, es debilitar a tus bacterias bucales». Aprendí en carne propia, podríamos decir, que muchos microbios que viven con nosotros nos están defendiendo del ataque de otros. Nos ayudan. Pero eso fue solo el comienzo.

Iba a contar enseguida que en nuestro cuerpo hay al menos tantos microbios como células propias, pero mi amigo Juan Carlos Argüelles, profesor de Microbiología, me hace ver con toda razón que también nuestras células, y las de todos los animales y vegetales, proceden de microbios, y que en algún momento debería decirlo. Empecemos, pues, por el principio. Llamamos microbios, reitero, a los seres vivos de tamaño tan pequeño que no pueden verse a simple vista (lo que supone que no alcanzan una o dos décimas de milímetro). Dejando por el momento aparte a los virus, que en algunas cosas funcionan como seres vivos y en otras no, los microbios se agrupan en tres grandes líneas: las arqueas, las bacterias y todos los demás (hongos, protozoos, algas unicelulares...). Arqueas y bacterias fueron los primeros seres vivos en existir, carecen en su célula de un núcleo y de orgánulos rodeados de membrana, y se denominan por ello procariotas (a veces, al hablar de bacterias se engloba también a las arqueas, aunque evolutivamente sean diferentes; en ese caso, a las verdaderas bacterias suele llamárselas eubacterias). Todos los demás microbios, y también todos los demás seres vivos, tenemos células con núcleo y orgánulos, como las mitocondrias, los lisosomas o los cloroplastos (estos últimos, exclusivos de las plantas), y nos denominamos por ello eucariotas.

Desde hace tiempo se sospechaba que la célula eucariota podía haberse originado por la fusión, a modo de las quimeras del arte románico, que tienen cabeza de león, cuerpo de cabra y cola de dragón, de dos o más organismos procariotas diferentes, pero esta hipótesis solo cobró fuerza cuando la soportaron con brillantes planteamientos la bióloga evolutiva Lynn Margulis y sus colaboradores (entre ellos Ricardo Guerrero, de la Universidad de Barcelona), ya avanzada la segunda mitad del siglo XX y en el siglo XXI.

La aparición repentina de la célula eucariota hace 2.000 millones de años, que haría posible después la evolución de todos los seres pluricelulares, se conoce con el complicado nombre de eucariogénesis. Distintos modelos tratan de explicar cómo ocurrió, mas solía asumirse que una bacteria (en sentido amplio) engulló a otra u otras y en lugar de digerirlas las mantuvo en su interior para, a partir de entonces, evolucionar colaborando mutuamente («somos el producto de una mala digestión bacteriana», escribió Carlos López-Otín). Hace unos pocos años científicos suecos identificaron en el lecho del océano Ártico unos fragmentos de ADN que procedían de arqueas pero contenían genes relacionados con los de los eucariotas. Denominaron a esas arqueas, hasta entonces solo identificadas por su *firma* genética, arqueas de Asgard, invocando la patria de los dioses nórdicos. La misma *firma* apareció después en Norteamérica, Nueva Zelanda y otros lugares del mundo, y se conjeturó que las arqueas de Asgard, o sus antepasados, podían haber tenido un papel importante en la eucariogénesis. Pero aparentemente nadie sabía cómo eran, o de qué forma vivían, y resultaba muy difícil investigar más allá.

He escrito «aparentemente» porque sí hubo alguien que ató cabos y percibió enseguida que conocía algo más que el resto acerca del asunto. En 2006 el japonés Masaru Nobu y su grupo habían recolectado sedimento del fondo del océano Pacífico tratando de aislar microbios consumidores de metano con potencial utilidad industrial. Para cultivar esos microbios de las profundidades, los japoneses fabricaron un reactor que reproducía en el laboratorio las condiciones en las que vivían habitualmente, sin oxígeno ni apenas nutrientes, e insuflando metano. Tardaron años, pero detectaron varios microbios diferentes, entre ellos una rara especie que, para su sorpresa, coincidía en muchos aspectos de su ADN con las arqueas de Asgard descritas por los suecos en 2015. A partir de entonces, el grupo japonés intensificó los esfuerzos para conocer mejor a la arquea en cuestión y su posible papel en el origen de la célula eucariota. Consiguieron cultivarla y verla al microscopio, transcurridos más de doce años de intenso trabajo desde la recolección original. Era un ser de lo más extraño, que comienza como una esfera pero al que, con el paso del tiempo, le crecen tentáculos ramificados y que, además, vive con extremada lentitud: tarda entre dos y cuatro semanas en dividirse, cuando hay bacterias que lo hacen cada pocos minutos. En 2020 Hiroyuki Imachi, Nobu y otros colegas describieron al nuevo ser con el nombre de *Prometheoarchaeum syntrophicum*, aludiendo al titán griego Prometeo, que robó el fuego a los dioses para ofrecerlo a los humanos. La hipótesis de Imachi y sus compañeros es que *Prometheoarchaeum*, o un organismo similar de hace 2.000 millones de años, no era un depredador que se comiera a otras bacterias, sino que vivía en sintrofía (de ahí su *apellido*, *syntrophicum*) junto a ellas. Vivir en sintrofía implica que cada organismo precisa los desechos del otro, de tal manera que no pueden existir por separado. Con el tiempo, *Prometheoarchaeum* enredaría a alguna de estas bacterias con sus tentáculos y acabaría englobándola, preformando la futura mitocondria. El consorcio sintrófico entre una arquea y una bacteria habría estado en el origen del tercer gran grupo de seres vivos, los eucariotas.

Sea como fuera (la propuesta de Imachi es la última entre varias otras; el cómo ocurriera aún nos desafía), sabemos que todas nuestras células proceden de microbios, y no está de más recordarlo. Pero eso ocurrió hace demasiado tiempo como para que afecte a nuestras vidas. Sí que lo hace, en cambio, la íntima relación que mantenemos con los microbios hoy. En el cuerpo humano viven unos cuarenta billones de microbios, de los que la mayoría son bacterias. Son tantos y están en tantos sitios que, en un ingenioso apunte, Clair Folsome aseguró que si tuviéramos una varita mágica que permitiera eliminar todas nuestras células respetando, sin embargo, a los microbios, cualquier amigo nos reconocería por la calle... ¡aunque no estuviéramos!

El primer humano que vio microbios, incluidos los que formaban parte de sí mismo, fue un comerciante de telas holandés nacido en 1632 y llamado Anton van Leeuwenhoek. No tenía una especial preparación académica, pero sí una habilidad única para fabricar pequeñas y perfectas lupas con las que contar los hilos de sus piezas. Leeuwenhoek tallaba y pulía lentes de cristal con tal precisión que consiguió hasta 200 aumentos, muy por encima de lo que alcanzaban los rudimentarios microscopios de su tiempo, inventados poco antes. Colocó bajo su lupa gotas de agua, hojas, barro, sangre, infusiones de heno..., y por todas partes descubrió diminutos y variados *animálculos* (en latín, en plural, *animalcula*), que en ocasiones se movían incesantemente. Nadie antes que él había visto nunca glóbulos rojos, espermatozoides, protozoos, bacterias y levaduras. Un día, Leeuwenhoek colocó bajo su lente un raspado de uno de sus dientes y comprobó, quizá sin sorpresa, que los animálculos también estaban allí. Se le considera con justicia el primer microbiólogo.

La descripción y clasificación de los microbios progresó con lentitud. A lo largo del siglo XVIII distintos autores los denominaron de formas variadas, como anguilas del vinagre, animálculos de las infusiones (pues era donde solían observarse), o simplemente infusorios, un término hoy en desuso que hasta no hace mucho se aplicaba a distintos protozoos. En la décimo segunda edición de su *Systema Naturae*, Linneo quiso incorporar y ubicar a los microbios, pero encontró tantas dificultades que, tras considerarlos animales en un grupo llamado *Chaos infusorium*, acabó creando para ellos un nuevo reino (ni plantas ni animales) al que denominó *Chaoticum*. Cercano el final de la centuria, el microscopista danés Otto Friedrich Müller describió con asombradas palabras «el mundo de los seres invisibles oculto para los antiguos, que desde hace cien años empezó a develarse, proporcionando maravillas inauditas...», y describió géneros a los que llamó *Monas* y *Vibrio* y una especie, *V. bacillus*, cuyas reminiscencias se mantienen. Ya en el siglo XIX el alemán Christian Ehrenberg reconoció 22 familias de microbios y describió géneros que han sobrevivido hasta hoy, como *Bacterium*, *Vibrio*, *Spirochaeta*, *Spirillum* y *Spirodiscus*. Desde mediados de ese siglo se sospechaba que algunos microbios podían ser responsables de enfermedades de animales y humanos. En 1869 Pasteur identificó un protozoo como responsable de una plaga que había arruinado a los criadores de gusanos de seda, y en 1876 Robert Koch consiguió aislar y fotografiar el bacilo del ántrax y, sobre todo, demostrar que el mal podía transmitirse a ratones sanos sin más que inocularles los bacilos cultivados. Desde entonces los microbios gozan de mala fama, en unos pocos casos más que merecida.

Sin embargo, tradicionalmente ha habido un sesgo hacia el conocimiento de los microbios *malos*, mientras los buenos eran en gran medida ignorados. Por más que los microbios en general, y las arqueas y bacterias en particular, sean los organismos más antiguos, más abundantes y más ubicuos en la Tierra, es difícil aprender sobre ellos, pues hasta hace poco tiempo solo podían estudiarse una vez que se los aislaba y cultivaba, y la mayoría son muy renuentes a crecer en el laboratorio. El gran cambio acaeció al abrirse la posibilidad de secuenciar ADN de forma rápida y barata, resultado del enorme esfuerzo que supuso el Proyecto Genoma Humano (PGH), iniciado en 1990 y culminado en 2001. Utilizando las técnicas desarrolladas en el PGH, y a iniciativa del Instituto de Salud de Estados Unidos, en 2008 se inició el Proyecto Microbioma Humano (PMH). Su fin era determinar las especies de microbios presentes en nuestro cuerpo, así como su abundancia relativa, y ver la forma en que se asocian con la salud y la enfermedad. Los microbios de nuestro cuerpo, y los del cuerpo de los restantes animales, componen las respectivas microbiotas, diferentes en cada especie e incluso en cada individuo.

La primera fase del PMH terminó en 2012, y al hacerlo se habían secuenciado en el cuerpo humano muchísimos más genes microbianos (del orden de tres o cuatro millones) que genes estrictamente humanos (del orden de veintiún mil). Ignacio López-Goñi, en su libro *Microbiota*, ha dicho que «somos superorganismos que heredamos el 1 % de nuestro genoma de nuestros padres y el 99 % de nuestros microbios».

Cuando los seres pluricelulares aparecimos en la Tierra, los microbios llevaban ya entre dos mil y tres mil millones de años viviendo en ella, y estaban distribuidos por todas partes. Resulta natural que ante la nueva oportunidad que representaron los hongos, plantas y animales, los microbios se apresuraran a colonizarlos. Nuestros antepasados han evolucionado con ellos, por tanto, desde mucho antes de que existiéramos los humanos, desde antes de que hubiera mamíferos e incluso vertebrados. A lo largo de cientos de millones de años, los microbios han pasado en nuestros antecesores de madres a hijos en el momento del nacimiento, y continúan haciéndolo en la actualidad (la madre es la primera y principal fuente de microbios para el neonato).

Por algún tiempo se postuló que cada uno de nosotros convivía con unos 100 billones de microbios. Si fuera cierto, habitarían nuestro cuerpo aproximadamente diez microbios por cada célula específicamente humana. La proporción resulta tan llamativa que dio pie a muchas noticias periodísticas e incluso a títulos de libros, como *10 % humanos*, la interesante obra divulgativa de Alanna Collen. Comprenderán, sin embargo, que nadie ha contado jamás ni nuestras células ni nuestros microbios. Todo son aproximaciones, pero el 90 % microbiano parece una exageración que un buen día improvisó alguien y tuvo más éxito del que merecía. En 2016 Ron Sender y otros colegas publicaron una estimación más ajustada. Según ellos, nueve de cada diez células humanas serían células sanguíneas, en particular glóbulos rojos (84% del total). Por otro lado, la inmensa mayoría de nuestras bacterias se encuentran en el colon, así que conociendo sus dimensiones y la densidad de microbios puede uno acercarse al número total. Su conclusión fue que el cuerpo de un «varón tipo» contendría aproximadamente 30 billones de células humanas y 38 billones de bacterias. Sobre este patrón, por otro lado, se superponen múltiples fuentes de variación; por ejemplo, las mujeres albergan más bacterias (y más variadas) que los varones, los jóvenes más que los viejos, las personas grandes más que las pequeñas (pero también más glóbulos rojos...). Además, cada vez que evacuamos (por decirlo finamente) expulsamos con las heces billones de bacterias, que en poco tiempo se reemplazarán. Podemos guardar la idea, por tanto, de que con ligeras variaciones acogemos una bacteria por cada una de nuestras células, lo que no es una proporción baladí (deberíamos hablar de 50% humanos).

Esas bacterias humanas son muy diversas. De acuerdo con el PMH puede haber en nuestro cuerpo hasta diez mil especies de bacterias diferentes, de las que apenas cien serían potencialmente peligrosas. En el PMH trabajaron más de 250 investigadores, que tuvieron acceso a 242 personas, pocos más varones que mujeres. Muestrearon en numerosas zonas de la boca y de la piel, en las heces y en la vagina. Tanto las especies como la abundancia de microbios varían en las distintas áreas. Tras el intestino grueso (el colon), donde viven más bacterias, y más variadas, es en la boca. Algunas de ellas forman la placa dental que favorece la caries y otras, como dije, nos defienden de los hongos. La piel alberga un gran número de especies, dispersas en los distintos *ambientes* del cuerpo. En la cara y la espalda consumen grasas que rezuman los poros, y en las zonas más húmedas, como las axilas y las ingles, toman nitrógeno del sudor. Los antebrazos son especialmente ricos en microbios, y en cambio la vagina alberga relativamente poca diversidad, aunque alto número. Se sabe hoy que en los pulmones y el estómago, muy ácido, es donde menos bacterias hay. Esta somera descripción general oculta el hecho, sin embargo, de que la microbiota varía muchísimo de unas personas a otras, hasta el punto de que, escribe Collen, los microbios que albergamos cada uno de nosotros son «tan exclusivos y personales como las huellas dactilares».

¿Bastaría eso para resolver un caso forense? Quizá sí y quizá no, pues nuestros cuerpos comparten los microbios de quienes viven con nosotros, de los amigos que nos abrazan, de los desconocidos que nos dan un apretón de manos, de los compañeros de oficina, de nuestras mascotas y, por supuesto, de todo aquello que tocamos o ingerimos, por no hablar del aire que respiramos. Según López-Goñi, en un solo beso *con lengua* de diez segundos de duración intercambiamos ochenta millones de bacterias, aunque hay que besarse con mucha mucha frecuencia para que ello tenga un efecto permanente en la microbiota de nuestra saliva. Algunos autores piensan que el beso entre enamorados ayudaría a seleccionar la pareja idónea, pues el intercambio de fluidos proporciona a los actores información de primera mano sobre los microbios del otro, lo que indirectamente daría cuenta de su calidad genética e inmunitaria.

Evidentemente, si los miles de especies de microbios que viven en nosotros fueran perniciosas, el sistema inmunitario habría encontrado a lo largo del proceso evolutivo la manera de rechazarlas. No solo no lo hace, sino que colabora estrechamente con ellas y depende de su existencia. Hace cinco o seis años leí *Yo contengo multitudes*, de Ed Yong, y me deslumbró. Yong cuenta que los bebés corren más riesgo de padecer infecciones porque hay células de inmunidad que se encargan de reprimir al resto para que los microbios puedan colonizar el cuerpo del recién nacido. En esa fase de la vida los anticuerpos de la leche de la madre son los responsables principales de que los microbios que se instalen en el bebé sean adecuados. De hecho, Yong postula que la principal misión del sistema inmunitario no es defensiva, pese a lo que podamos creer, sino más bien reguladora. Escribe: «Se podría decir que son los microbios los que calibran el sistema inmunitario, provocando respuestas que crean un nicho adecuado para ellos mismos y rechazan a sus competidores». En otras palabras, se las arreglan para que nuestras defensas ataquen a los cuantitativamente escasos microbios patógenos, pero respeten a los numerosísimos microbios beneficiosos.

Pensando en términos evolucionistas no podía ser de otra manera, pues esos microbios han evolucionado con nosotros. Está claro que no hemos llegado al nivel de integración de la arquea y la bacteria que conformaron la célula eucariota pero, como ellas, nos necesitamos mutuamente. Ni podríamos vivir sin nuestros microbios, ni muchos de ellos pueden vivir libres, separados de nosotros. De alguna forma cada persona, cada animal, cada planta, es un superorganismo formado por él mismo y su microbiota. El propio Yong nos dice que cuidamos y regulamos esa microbiota como si se tratara de un huerto doméstico: usamos cercas y barreras (mucosidades, por ejemplo) para mantener a cada especie en su lugar idóneo, propagamos cada variedad donde las condiciones de luz, temperatura, etc., son más adecuadas para ella (por eso son distintos los microbios de la piel de los del intestino), arrancamos las malezas y malas hierbas que pueden competir con las plantas cultivadas (es lo que hacen los anticuerpos y, en general, el sistema inmune, eliminando los microbios *malos* y potenciando los buenos), regamos y fertilizamos regularmente la plantación (igual que alimentamos a nuestros microbios). Uno de los ejemplos más fascinantes del cuidado que prestamos a los microorganismos que nos cuidan lo proporciona la presencia de oligosacáridos (moléculas formadas por la unión de unos pocos azúcares simples) en la leche materna.

Hace ya tiempo, los científicos descubrieron que las heces de los bebés alimentados con leche materna contenían muchas más bifidobacterias (les sonará el nombre porque se anuncian en algunos yogures) que las de los bebés criados a biberón. Interpretaron que la leche del pecho contenía algún elemento que faltaba en la leche comercial y que ayudaba a crecer a esas bacterias. Independientemente, unos químicos descubrieron que la leche humana contenía ciertos azúcares que faltaban en la leche de la mayoría de los mamíferos. Posteriormente se supo que estos azúcares, que al principio se identificaron con una forma particular de lactosa, eran en realidad un gran complejo de entre 150 y 200 oligosacáridos diferentes que, curiosamente, los bebés no pueden digerir. ¿Por qué constituyen, entonces, el tercer componente más abundante en la leche de las madres humanas, tan solo por detrás de la lactosa y las grasas? ¿No podrían ahorrárselo? Mediado el siglo XX se postuló que el papel de los oligosacáridos no era nutrir al recién nacido, o al menos no directamente, sino dar de comer a sus bacterias. Y ya en el siglo XXI se descubrió que su destino era mucho más concreto: alimentar a una especie llamada *Bifidobacterium infantis*. Pero ¿por qué razón una madre habría de interesarse por potenciar esa bacteria en su criatura? En palabras de Yong, este microbio «se gana su sustento». En principio, al digerir oligosacáridos la bifidobacteria libera ácidos grasos de cadena corta que nutren a las células intestinales del pequeño y juegan un papel esencial en el desarrollo de su sistema inmunitario y en la implantación en su intestino de las bacterias adecuadas.

Además, estimula la producción en las células intestinales de proteínas que sellan los huecos entre ellas, incrementando la protección. De alguna manera, dice Alanna Collen, donde los adultos necesitamos fibra, un alimento que tampoco podemos digerir sin el auxilio de los microbios, los lactantes precisan los oligosacáridos de la leche. Por si fuera poco, el ácido siálico, un desecho adicional que libera *B. infantis*, es un nutriente imprescindible para el desarrollo del cerebro, que ocurre muy rápidamente en los primeros meses de vida. Al margen de todo ello, los propios oligosacáridos tienen un papel defensivo importante, pues atraen a los patógenos que llegan al intestino, haciendo que se peguen a ellos en lugar de hacerlo a las células. Así se explica que sean tan abundantes y variados, pues de esa forma pueden bloquear a una gran diversidad de microbios perjudiciales.

Como es lógico, no damos de comer a nuestros microbios solo cuando somos lactantes, lo hacemos durante toda la vida. Y asimismo, mientras vivimos los microbios intestinales nos alimentan a nosotros, fermentando productos que si contáramos exclusivamente con nuestros genes no podríamos digerir. Dado que comen lo que comemos, la proporción de distintos tipos de bacterias en el intestino varía mucho con la dieta. En el año 2010 un grupo de investigadores dirigido por la italiana Carlotta De Filippo comparó las microbiotas fecales de niños de una aldea de Burkina Faso, en África, y de niños de Florencia. Los primeros consumían fundamentalmente vegetales, en particular mijo, sorgo, legumbres y verduras, y los segundos lo que ha dado en llamarse *dieta occidental moderna*, con pizza, mucha carne, helados y dulces, patatas fritas, etc. Los microbios predominantes en el intestino de unos y otros eran radicalmente diferentes. Los niños africanos contenían sobre todo un linaje de bacterias llamadas Bacteroidetes, y en particular dos géneros de ese grupo, *Prevotella* y *Xylanibacter*, que juntos sumaban el 75 % de toda la microbiota. Además, tenían una diversidad de microbios mucho más elevada. Los italianos, por su parte, albergaban fundamentalmente otro linaje de bacterias llamadas Firmicutes, y carecían por completo de *Prevotella* y *Xylanibacter*. Estos dos géneros son especialistas en fragmentar las paredes celulares de las plantas, obteniendo energía de ellas y liberando ácidos grasos de cadena corta que nutren a su anfitrión y tienen un efecto antiinflamatorio en el tubo digestivo. Los niños italianos carecían de ellos porque no consumían suficiente fibra para alimentarlos. Por el contrario, sus bacterias eran más eficaces descomponiendo azúcares simples, proteínas y grasas. Años después, la propia De Filippo amplió su muestreo para incluir a niños de Uagadugú, la capital de Burkina Faso, y tras comprobar que su dieta incorporaba más productos de origen animal, grasas y azúcares simples, observó como resultado que su microbiota intestinal tendía a parecerse a la de los niños italianos, alejándose de la característica de sus compatriotas rurales. Advirtió que la globalizada *dieta moderna* tal vez nos esté haciendo perder muchas comunidades microbianas importantes en la historia de la humanidad y que en algún momento podrían volver a hacernos falta.

Bacteroidetes y Firmicutes aparecen asimismo como protagonistas, no por casualidad, de distintos estudios sobre la relación entre los microbios del intestino y la obesidad. Como es sabido, el sobrepeso, y en concreto la obesidad y los desórdenes asociados a ella, se ha convertido en un serio problema, tanto en el mundo occidental como en los países en vías de desarrollo. Si los microbios son fundamentales determinando la forma en que extraemos energía del alimento, ¿no podrían tener algo que ver con el hecho de ser delgados o gordos? En el laboratorio de Jeffrey Gordon, de la Universidad de Washington en San Luis y premio

Princesa de Asturias de Investigación Científica y Técnica 2023, tuvieron a principios de siglo la extraordinaria idea de criar ratones experimentales libres de microbios. Requirió un gran esfuerzo, pero lo consiguieron. Ello les permitía realizar en el laboratorio estudios inoculando a esos roedores gérmenes seleccionados y observando las consecuencias (caso de hacerlo con cualquier otro ratón, los gérmenes nuevos habrían interactuado con los previamente existentes, enturbiando la interpretación de los resultados). En 2004 uno de sus estudiantes, Fredrik Bäckhed, manchó con materia fecal de ratones normales el pelo de algunos ratones libres de microbios, de tal manera que estos, al lamerse para limpiarse, llevaron a sus intestinos la microbiota de los primeros. Los investigadores esperaban que una vez colonizados por microbios los ratones engordaran, pues era bien conocido que ayudaban a extraer nutrientes de la comida. Pero no pensaban que lo hicieran tanto. Los ejemplares con microbios trasplantados comieron un poco menos de lo que comían antes, y sin embargo ¡ganaron un 60 % de peso en tan solo dos semanas! Los científicos interpretaron que los microbios facilitaban almacenar la energía ingerida en forma de grasa, algo probablemente muy útil para animales que, como debió de ocurrirle al humano primitivo, tienen pocas oportunidades para comer todo lo que desean.

Otra investigadora del laboratorio de Gordon, Ruth Ley, decidió estudiar la composición de la microbiota intestinal de ratones normales y de ratones genéticamente obesos (pues carecen del gen productor de la leptina, una proteína que comunica al cerebro cuándo deja de ser necesario comer más). Ley descubrió que en ambos tipos de ratones predominaban los Bacteroidetes y los Firmicutes, pero en los ratones delgados eran más frecuentes los primeros, y en los obesos los segundos. El paso siguiente fue comprobarlo en personas delgadas y gruesas, y el patrón se confirmó: las personas delgadas tenían más Bacteroidetes y las gruesas más Firmicutes. Se podía hablar, por tanto, de una *microbiota delgada* y una *microbiota obesa*. Ahora bien, esa proporción entre unas bacterias y otras, ¿sería la causa o la consecuencia de la obesidad? Para resolverlo, otro estudiante del grupo, Peter Turnbaugh, recurrió de nuevo a los ratones libres de gérmenes. A una muestra de ellos les transfirió microbios de ratones normales y a otra de ratones obesos. Ambos grupos comieron lo mismo, en cantidad y en calidad, pero a las dos semanas los ratones que habían recibido una microbiota obesa habían incorporado un porcentaje de grasa del 47 %, y los que habían recibido una microbiota delgada solo el 27 %. En otras palabras, transfiriendo microbios habían transferido la obesidad. Los investigadores, conscientes del potencial de su hallazgo, patentaron la idea de usar microorganismos para tratar el sobrepeso.

Por supuesto, adelgazar no es tan sencillo como pedirle prestados sus microbios a una persona delgada, la dieta sigue teniendo mucho que ver. Una persona con una microbiota delgada apenas tendrá en su intestino unas pocas bacterias capaces de sacar partido a la grasa, porque no suele consumirla. Así que si un día se da un capricho y engulle unos huevos con morcilla, pongamos por caso, apenas incorporará grasa a su propio cuerpo. Si lo convierte en costumbre, sin embargo, sus microbios cambiarán, de manera que cada vez obtendrá más calorías de su alimento y engordará. Por otro lado, influir en la extracción de energía de lo que comemos tal vez no sea la principal manera que tienen los microbios de afectar a nuestro aspecto, pues también son capaces de determinar lo que hacemos con esa energía. Una microbiota obesa activa los genes que nos mueven a almacenarla en forma de grasa, como probara Bäckhed con sus ratones. Otra investigadora del grupo de Gordon, Vanessa Ridaura, juntó en las mismas jaulas ratones con microbiotas delgada y obesa. Pudo comprobar que los microbios delgados desplazaban a los obesos y llegaban a ser predominantes, pero lo contrario nunca ocurría. ¿Era superior, por tanto, la microbiota delgada? No, ocurría simplemente que Ridaura alimentaba a sus ratones con un pienso rico en fibra vegetal. Cuando cambió a una alimentación pobre en fibra y rica en grasa, la microbiota obesa prosperó.

La investigación sobre la interacción de la microbiota con nosotros mismos está aún en sus comienzos, aunque haya abierto muchas puertas. Ya sugerí que necesitamos a los microbios para crear un sistema inmunitario correcto. Muchos autores relacionan la microbiota (incluso la adquirida en los tres primeros años de vida) con problemas adultos como el asma, la artritis y otras enfermedades autoinmunes. Los microbios de la piel producen los metabolitos que determinan nuestro olor corporal y condicionan en parte nuestro atractivo sexual (y también que nos piquen más o menos los mosquitos). Probablemente a través del nervio vago, sustancias producidas por los microbios influyen en el cerebro y afectan a nuestro comportamiento. La incorporación de una bacteria llamada *Bacteroides fragilis* a ratones experimentales que mostraban síntomas similares al autismo, logró revertirlos. Stephen Collins criaba ratones de laboratorio de dos tipos, unos tímidos y otros intrépidos; al colonizar ratones libres de gérmenes con microbios *intrépidos*, los ratones se volvían valientes, y lo contrario ocurría si utilizaba microbios *timoratos*; era capaz de modificar el carácter de los ratones intercambiando sus microbios. Otros estudios relacionan la microbiota con la ansiedad y la depresión: el consumo excesivo de alcohol hace al intestino más permeable, aumentando la influencia potencial de los microbios sobre el cerebro, lo que podría explicar las depresiones de los alcohólicos... Podríamos seguir con muchos otros ejemplos.

Aun sin conocer muy bien cómo, sabemos lo suficiente para pensar, en palabras de algunos microbiólogos, que la medicina del futuro será a la carta y estará compuesta mayoritariamente por paquetes de microbios específicos para cada individuo y cada problema. Otros creen, como práctica complementaria, que sería conveniente distribuir microbios útiles en oficinas y hospitales, de manera que llegaran a la mayor parte de la población (algo parecido a los probióticos actuales, aunque administrado de otra manera). Para curar ciertas enfermedades, como la colitis producida por la bacteria *Clostridium difficile*, ya se practica la inoculación al paciente de microbios de heces de donantes sanos, lo que se conoce con el poco agraciado nombre de trasplante fecal. Y para conseguir una microbiota sana y equilibrada ingeriremos con más frecuencia los nutrientes que los microbios precisan, conocidos como prebióticos. Ed Yong pone en boca de un famoso arquitecto entusiasmado con la microbiota las siguientes palabras: «Hemos sido bastante buenos matando bacterias [...], ahora queremos entender cómo pueden ayudarnos». Por todo ello, que es mucho más que evitar los hongos en mi boca, debemos estar agradecidos a nuestros microbios (y, de paso, evitar en lo posible regarlos con antibióticos, que están generando superbacterias resistentes enormemente peligrosas).

6

GRACIAS A LOS ESCARABAJOS

(que fecundan plantas que nos dan de comer...)

Ignacio Jiménez es uno de los hermanos menores de una larga familia levantina en la que abundan los naturalistas. Con Juan, que fue mi primer contacto, he compartido estudios y desvelos por la nutria desde siempre. Javier es un economista de los que anteponen las personas y el ambiente a los números. Una de las hermanas, Zoa, recorrió medio mundo en un barco de Greenpeace. Los padres Jiménez, relacionados con Castilla y León (y también con mis padres, solían contarme), regentaban un bar. Cuando hace siglos pasaba por Valencia para discutir sobre la oportunidad de devolver nutrias a la Albufera o ginetas a la Devesa del Saler, celebrábamos allí multitudinarias cenas de *pajareros* que casi siempre derivaban en vehementes discusiones entre ecologistas utópicos y pragmáticos (unos y otros, por cierto, engrasados con abundantes carajillos).

Ignacio se ha dedicado a defender la naturaleza desde muy joven. Despidiendo el siglo xx organizó una serie de cursos tratando de enseñar por ahí lo mucho que él sabía y que, entonces, apenas mostraban los libros. Nos invitó a Astrid Vargas (quien poco después pondría en marcha con enorme éxito el programa de cría en cautividad del lince ibérico) y a mí mismo a colaborar. Dictamos clases en Guatemala, España y Chile, pero la primera experiencia fue en

Costa Rica. Una de nuestras alumnas en la Universidad Nacional era Mariate, joven bióloga vallisoletana que estaba comenzando su tesis financiada por una empresa hortofrutícola. Los colonos habían deforestado una extensa parcela de selva para cultivarla, pero los frutales apenas rendían. Alguien sugirió que al haber eliminado el bosque nativo tal vez escasearan los polinizadores y por eso no cuajaban los frutos, así que decidieron preguntar a la joven bióloga cuánta vegetación original debían conservar, en futuros intentos, para solventar el problema. No recuerdo qué especies querían plantar, pero de haber sido chirimoyas u otras del género *Annona*, como las guanábanas y el anón o saramuyo (*sugar apple* para los norteamericanos), echarían en falta pequeños escarabajos.

Muchos estudios han mostrado que en estas especies la producción de frutos (y en ocasiones también su calidad) está relacionada con el número de escarabajos que visitan las flores, y a resultas de ello las polinizan. El mecanismo, en algunos casos, no deja de ser complicado. Dichas flores producen calor (hasta 10 °C o más por encima de la temperatura ambiente), desprendiendo entonces un intenso aroma a fruta fermentada que atrae a los escarabajos. Estos se instalan en la más o menos amplia cámara floral, a resguardo de los depredadores, y se dedican allí a alimentarse y aparearse. El polen se adhiere a los numerosos pelos que recubren su cuerpo y, gracias a su incesante actividad, es transferido de unas flores a otras, ocasionando la fecundación. El papel de los pequeños escarabajos polinizadores es tan relevante que en algunos campos se añaden olores de origen químico para incrementar la capacidad de seducción de las inflorescencias.

Incluso así, los escarabajos pueden faltar, especialmente si el medio ha sido muy alterado (por ejemplo, en extensos monocultivos). En los cultivares del sur de España, por ejemplo, las flores de chirimoyos se polinizan manualmente con objeto de garantizar una buena cantidad y calidad de frutos. Por la tarde, algunos operarios sacuden suavemente las flores, entonces en fase masculina, para recoger el polen en pequeños botes, y a la mañana siguiente lo aplican con un fino pincel a las flores nuevas, en fase femenina (las inflorescencias de *Annona* son funcionalmente femeninas al comienzo del día y masculinas luego). De esta forma consiguen que una gran parte de ellas produzca frutos de nivel. Eso sí, la mano de obra y el tiempo empleados dan cuenta involuntaria del beneficio que los escarabajos, cuando abundan, prestan al productor sin cobrarle nada. Por cierto, Rosalind Blanche, entomóloga en Queensland, detectó unos años después algo que a Mariate le hubiera encantado saber: incluso en Australia, tan alejada de la zona de origen de la planta, los chirimoyos recibían visitas de escarabajos polinizadores siempre que estuvieran a menos de medio kilómetro de distancia del bosque nativo, pero apenas lo hacían cuando se encontraban más lejos.

La interacción entre flores y escarabajos polinizadores se conoce como cantarofilia y es considerada una forma primitiva de polinización (los escarabajos carecen, en general, de estructuras especializadas para almacenar y transportar polen, e incluso pueden dañar con sus mandíbulas las estructuras florales). Así, los magnolios y otros árboles relacionados, muy antiguos en la escala evolutiva, son polinizados casi exclusivamente por escarabajos (técnicamente, coleópteros). Los investigadores asocian el origen evolutivo de la polinización por animales con la aparición de plantas con semillas (en lugar de esporas), algo que a juzgar por algunos restos fósiles pudo ocurrir hace unos 300 millones de años. Entonces los polinizadores debían de ser muy poco especializados y acudirían a la planta con el exclusivo ánimo de alimentarse de sus órganos reproductores. Al hacerlo se tiznarían con polen, que era transportado accidentalmente a los órganos femeninos del mismo o de distinto pie, fecundándolos. Como eso proporcionaba algunas ventajas a las plantas, con el tiempo irían ofreciendo a sus visitantes una recompensa menos gravosa, y estos incorporarían técnicas para obtener su renta sin dañar al hospedador. Se pasaría así de una relación inicial dañina para la planta (a la que el animal devoraba) a una interacción de apoyo mutuo, en la que ambos protagonistas son beneficiados. La gran explosión evolutiva de este mutualismo comenzó con la aparición de las plantas con flores al final del periodo Jurásico, hace aproximadamente 145 millones de años, pero culminó al final del Cretácico, 70 millones de años atrás. Para entonces, plantas y animales disponían ya de estructuras y estrategias especializadas destinadas a optimizar el proceso de polinización. Por cierto, aunque decenas de miles de especies de escarabajos polinicen muchísimas especies de plantas, es raro que lo hagan con exclusividad. Los potenciales polinizadores son legión, como tendremos ocasión de ver.

Si hubiera empezado por el principio, como quizá hayan añorado, habría recordado que la reproducción sexual de las plantas se fundamenta en la transferencia de polen, el fino polvillo (eso significa *pollen* en latín) incluido en los gametos masculinos de la planta, hasta el estigma que abre paso al óvulo y su oosfera, o gameto femenino. La unión de ambos gametos, o fecundación, tiene como consecuencia la formación y crecimiento de semillas y frutos. Probablemente, aunque no lo recuerdo bien, de muy niño me explicarían la reproducción sexual de los humanos con la historieta de la abeja que transporta una semilla hasta una flor, donde anida y se desarrolla en forma de fruto (nunca entendimos qué tenía que ver aquella abeja con la cigüeña que traía los niños de París, y menos aún con la tripa abultada de las embarazadas, pero esa es otra cuestión).

Hay plantas que tienen flores exclusivamente masculinas, productoras de polen, y otras femeninas que fabrican óvulos, pero en la mayoría de ellas las flores producen tanto polen como óvulos, aunque a menudo sean incapaces de autofecundarse (es decir, no cabe la reproducción entre el polen y el óvulo de una misma flor). En cualquier caso, el polen necesita viajar, mucho o poco, y como las plantas, en principio, no pueden desplazarse, deben recurrir a algún porteador que lo mueva. Llamamos a esos transportistas «vectores de polinización», y son tan abundantes y variados que a menudo los damos por descontados. Ni se nos ocurre que su escasez pueda generar problemas. Muchos productores, sin embargo, como los clientes *ticos* de Mariate, ya saben que los polinizadores pueden faltar, y que eso ocurra o no depende en gran medida de cómo los tratemos, a ellos y a su entorno.

Existen en el mundo aproximadamente 300.000 especies de plantas con flores y, aunque no se conoce la proporción exacta, es probable que cerca del 90% dependan de algún animal para ser fecundadas. El resto utilizan el agua o el viento como vectores, y algunas especies se autofertilizan o se reproducen por vía asexual. El transporte de polen por el agua es prácticamente exclusivo de las pocas especies de plantas con flores que viven en el mar (no confundir con las algas), como la célebre posidonia del Mediterráneo o la zostera del Cantábrico. En estos casos las corrientes se encargan de acarrear el polen liberado por las anteras, que suele adquirir una forma filamentosa, hasta el estigma. Bastante más frecuente es la fertilización por el viento, llamada anemófila, que afecta a numerosas especies de interés económico. Como el polen liberado en el aire y transportado por el viento carece de mecanismos especializados para alcanzar su objetivo, fundamenta el éxito en ser producido en grandes cantidades por plantas que viven agrupadas. Ese polen abundante y aéreo, responsable de muchas alergias primaverales, es propio de muchas gramíneas (que incluyen los cereales), los pinos, las encinas, los olivos, etc. En general, las flores de las plantas polinizadas por vectores abióticos, como las corrientes de agua o de aire, son poco llamativas, carecen de colores y olores diferenciados, dado que no necesitan llamar la atención de sus polinizadores. Si las flores son bonitas y perfumadas, es porque buscan atraer a los animales capaces de polinizarlas.

En la actualidad, muchas especies de plantas son visitadas por innúmera cantidad de vectores de polinización. Para conseguirlo, la planta se anuncia con olores y colores atractivos y después ofrece un pago, puesto que, como acabamos de sugerir, ambas partes dan y toman, establecen una relación *comercial*. Con mucha frecuencia, el transportista de polen cobra su trabajo en forma de alimento, que acostumbra a ser el propio polen, rico en proteínas, y el néctar, en el que predominan los azúcares. Que parte del polen sea devorado obliga a la planta a producirlo en exceso, lo que representa un mal menor. La función del néctar, en cambio, es tan solo atrayente y remuneradora, de manera que se fabrica para satisfacer a los animales polinizadores. Lógicamente, los tipos de atractivo utilizado, e incluso la recompensa pagada, varían en función del porteador requerido. Por ejemplo, las flores fecundadas habitualmente por abejas suelen ser poco profundas y lucir colores amarillos o azules, pero también envían señales en la onda del ultravioleta, que muchos himenópteros detectan. Por el contrario, las flores polinizadas por aves como los colibríes suelen tener forma tubular y ser rojas o anaranjadas. También, las primeras tienden a ofrecer polen y néctar, en tanto las segundas producen gran cantidad de néctar. Por su parte, las flores que atraen a los murciélagos, como es el caso de muchos grandes cactus, acostumbran a ser perfumadas, blancas o de colores claros, y se abren durante la noche, permaneciendo cerradas por el día.

Como cabe en cualquier relación comercial, también en esta surgen de vez en cuando los tramposos. En diversos grupos animales han evolucionado ladrones de néctar, que se las arreglan para obtenerlo (por ejemplo, perforando las estructuras de la flor a nivel de los nectarios, o almacenes de néctar) sin tomar contacto con el polen ni, consecuentemente, transportarlo a otra flor. En su caso, cobran sin hacer el trabajo esperado. Y también hay plantas tramposas. Algunas flores huelen a carne podrida y las moscas acuden a ellas con ánimo de depositar sus huevos, transportando inadvertidamente el polen a otra flor con el mismo olor cuando marchan decepcionadas. En otros casos ocurre que el perfume y aspecto de la flor recuerdan a los de la hembra de ciertos insectos, y los machos se acercan a ella con la esperanza de aparearse (lo que de hecho hacen con frecuencia, llegando a eyacular). En todas estas situaciones, especialmente frecuentes entre las orquídeas, la planta consigue la asistencia que precisa sin apenas pagar por ella.

Aun cuando muchas especies de plantas pueden ser fecundadas por diferentes especies y categorías de polinizadores, se dan casos de extrema especialización. Goza de justa fama entre los evolucionistas, por ejemplo, una orquídea que *no hace trampas* y vive en Madagascar, la llamada orquídea de Darwin o estrella de Belén. Es una flor de color verdoso o blanquecino de casi 15 centímetros de anchura, que emite un fuerte aroma durante la noche y está dotada de un largo y estrecho tubo, o espolón, de hasta 30 centímetros de longitud, en cuyo fondo se acumula el néctar. Cuando Darwin recibió una de esas orquídeas en 1862 predijo que entre los insectos malgaches tendría que existir una mariposa nocturna dotada de una espiritrompa (la *lengua* de las mariposas) de aproximadamente palmo y medio capaz de alcanzar el néctar (y de paso polinizar la orquídea). Pocos años más tarde, el segundo padre del concepto de selección natural, Alfred R. Wallace, apoyó la idea y llamó la atención sobre varias polillas africanas del grupo de las esfinges, entre ellas la *Xanthopan morganii*, que tenían una trompa de unos 20 centímetros; sugirió que en Madagascar podría existir una variedad aún mayor, como Darwin había anunciado. A principios del siglo xx se descubrió esa variedad, a la que por razones fáciles de adivinar se etiquetó como *praedicta*. Hace poco más de diez años se ha conseguido fotografiarla y filmarla en el momento de introducir su trompa en el espolón de la orquídea y libar el néctar.

Una especialización tan extrema es poco frecuente, pero no me resisto a contar otro caso llamativo en el que una sola especie parece ser la encargada de polinizar una planta, en este caso familiar: el palmito (*Chamaerops humilis*) del monte mediterráneo. El último y más detallado estudio sobre el tema lo ha llevado a cabo en Doñana un buen amigo y discípulo, el mexicano Miguel Jácome, como parte de su tesis doctoral. El sistema de polinización del palmito se conoce como *polinización de guardería* (*nursery pollination*), porque la planta ofrece al polinizador no solo un pago en forma de alimento, sino también un lugar donde poner los huevos en el que, a manera de refugio, puedan nacer y desarrollarse sus larvas. El polinizador del palmito es un gorgojo, un pequeño escarabajo de apenas tres o cuatro milímetros con la cabeza prolongada en forma de trompa, al que se conoce científicamente como *Derelomus chamaeropsis*. En primavera, el gorgojo del palmito es atraído por los olores que desprenden las hojas de la planta, tanto hacia las flores masculinas como hacia las femeninas. Se alimenta de polen, que llega a embadurnarlo por completo, y al volar de un pie a otro buscando comida lo transfiere entre flores. Al mismo tiempo, deposita sus huevos en los tallos de las inflorescencias (fundamental, pero no exclusivamente, masculinas). Allí nacen las larvas, que pasan todo el invierno creciendo y alimentándose de los tejidos de esos tallos, hasta volar como nuevos adultos la primavera siguiente. Algunos investigadores precedentes habían sugerido que el viento también tenía un papel en la polinización de los palmitos, pero Miguel ha comprobado experimentalmente que si se excluye a los gorgojos (por ejemplo, envolviendo con una malla fina las flores femeninas), los frutos no llegan a cuajar.

Por supuesto, en el caso de especializaciones tan extremas planta y polinizador son interdependientes. El destino de la una está ligado al del otro y a la inversa. Es mucho más frecuente, sin embargo, que los polinizadores sean variados. Un estudio clásico acerca de un millar de especies de plantas cultivadas (por razones obvias, las mejor conocidas) recogido en el libro de Gretchen Daily sobre servicios ecosistémicos, indica que el viento poliniza aproximadamente un 5 % del total. Como la mayoría de las especies utilizan más de un vector, unas pocas se sirven tanto del viento como de distintos animales, pero casi todas ellas, como ya he mencionado, son polinizadas exclusivamente por animales. Los escarabajos apenas fecundan un 5 % de especies, la misma proporción que las aves y un poco por encima de las mariposas diurnas y nocturnas. Los murciélagos, aunque sorprenda, son responsables de la polinización del 11 % de las plantas cultivadas, distintas especies de moscas del 19 %, y los himenópteros, que es el grupo de insectos que incluye a abejas, avispas y hormigas, nada menos que del 96 %. Una cifra tan alta parecería confirmar el papel predominante de la abeja doméstica o abeja de la miel (*Apis mellifera*) en la polinización de los cultivos, pero las cosas no son tan sencillas. Según el citado estudio, especies variadas de avispas fecundarían un 5 % de los cultivos, la abeja doméstica un 13 %, y una gran variedad de abejas silvestres (existen cerca de 20.000 especies) el 83 %. Por regla general, las abejas visitan las flores con menos frecuencia que otros insectos, pero son más efectivas transfiriendo polen. Por otra parte, y como era de esperar, el papel de especies distintas de la abeja doméstica en la polinización de plantas silvestres parece mucho más alto que en lo relativo a plantas cultivadas.

La cantidad de polinizadores mejora la abundancia y calidad de las cosechas, pero también lo hace su diversidad. Una amplia variedad de transportistas pueden recoger y depositar polen en más lugares (por ejemplo, unos en zonas altas y otros en zonas bajas de los árboles), en más momentos del día (unos en los crepúsculos y otros a pleno sol) y durante más semanas al año, que un transportista único, por eficaz que sea. Asimismo, distintas especies pueden complementarse actuando como polinizadores principales en distintos años cuando, por razones meteorológicas o de otro tipo, las abundancias relativas varían. Así pues, una mayor variedad se traduce, como han demostrado Nacho Bartomeus y otros colegas, compañeros en Doñana, en que el efecto de los polinizadores nativos se sume al de las abejas melíferas, no se limite a complementarlo; dicho de otro modo, por muchas abejas que haya, el cuajado de frutos no aumenta por encima de cierto nivel, en tanto sí que lo hará cuando se producen además visitas de polinizadores diferentes. El propio Nacho ha comprobado algo todavía más relevante en la actualidad: una elevada diversidad de polinizadores garantiza la sincronización entre la floración de los cultivos, que tiende a adelantarse debido al calentamiento global, y la actividad de los insectos que los fecundan.

Durante milenios, los productores de frutas y verduras (y con ellos, los consumidores) nos hemos beneficiado del trabajo gratuito de los polinizadores silvestres, y más tarde de las abejas domésticas mantenidas con el propósito de elaborar miel. Hasta hace medio siglo eso nos parecía lo normal, por eso quedé muy sorprendido en un viaje a California, en los ochenta del siglo pasado, cuando observé que allí los apicultores anunciaban la laboriosidad de sus animales en los periódicos: no eran productores de miel (o, al menos, no era ese su principal o único objetivo), sino que ofrecían sus colmenas al mejor postor para que las abejas polinizaran los cultivos. Y es que muchos productores pagaban por ese servicio de polinización, que allí necesitaban arrendar. Los californianos, ya entonces, nos mostraban con orgullo «los mayores campos de almendros que hayan visto nunca». En aquellos extensos monocultivos (que si nos llamaban la atención no era para bien, dicho sea de paso) los polinizadores silvestres no podían vivir, así que había que contratar apicultores que durante la época de floración llevaran allí sus colmenas movilistas.

En Estados Unidos esa tendencia no ha hecho sino aumentar, hasta el punto de que se habla del *business* de la polinización. Al principio los apicultores transportaban las colmenas en furgonetas y a relativamente cortas distancias, pero hoy lo hacen en enormes camiones y, no raramente, atravesando toda Norteamérica. Se llevan abejas al noreste para polinizar arándanos y manzanos, al sur para hacerlo con los limoneros, al oeste para los almendros... Además, cuando no son demandadas en los cultivares se las mueve a pastizales y alfalfares para que produzcan miel, o se las lleva a zonas cálidas, donde enjambran con más rapidez. Los campos de Central Valley en California producen el 80 % de las almendras que se comercializan en el mundo y dependen al 100 % de las abejas domésticas para conseguir una cosecha razonable. Los productores contratan en promedio cinco colmenas por hectárea, que según la tradición deben estar colocadas sobre el terreno el día de San Valentín (14 de febrero) y permanecer allí cerca de un mes (lo han llamado la Super Bowl de la apicultura). En 2020 había en la región casi medio millón de hectáreas de almendros (el doble que en 2008), lo que implica que fueron necesarios nada menos que dos millones y medio de colmenas y el trabajo de 30.000 millones de abejas para polinizarlos (con un coste, dicho sea de paso, de unos 500 millones de dólares). Esas cifras se acercan al máximo posible, y los agricultores temen que la demanda de insectos superará con creces la oferta en el mañana, tanto más cuanto que las abejas domésticas andan en problemas en gran parte del mundo (se habla del *síndrome del colapso de las colmenas*), motivados por los pesticidas neonicotinoides, el ácaro *Varroa*, el hongo *Nosema ceranae*, distintos virus, el cambio climático, etc.

Aunque se apartan muchas colmenas de los campos donde se van a aplicar insecticidas, en Estados Unidos calculan que el envenenamiento de abejas domésticas por productos organofosforados (que en gran medida han sustituido a los organoclorados denunciados por Rachel Carson en *Primavera silenciosa*) representa importantes pérdidas directas (y aún sería peor para los polinizadores silvestres; en 1980 se estimó el coste en el país de la reducción de polinización debida a pesticidas en 135 millones de dólares por año). Tampoco ayudan los viajes, ni la gestión que se hace de las colmenas más intensivamente explotadas. Alimentadas en grandes monocultivos, las abejas se nutren, por ejemplo, un mes sobre melones en Florida, el siguiente sobre almendros en California, el tercero sobre manzanas en Pensilvania o arándanos en Maine, y los ulteriores puede que lo hagan en campos de girasoles y de colza. Son terrenos donde solo existen esas flores, se han eliminado todas las otras con herbicidas y medios mecánicos. El especialista Dave Goulson dice con humor que aunque sea difícil demostrar científicamente el efecto nocivo de las monodietas sobre las abejas, se puede imaginar que una persona que comiera un mes exclusivamente sardinas, al mes siguiente chocolate, y el tercero nabos, no se encontraría demasiado bien.

Por el síndrome o por otras razones, el número de colmenas parece haber disminuido en Europa y Norteamérica en los últimos decenios. Las cifras señalan una reducción del 25 % en Europa Central entre 1985 y 2005, y nada menos que del 59 % entre 1961 y 2008 en Norteamérica. Aun así, la cantidad global habría aumentado aproximadamente un 45 % en este último periodo, debido sobre todo al gran crecimiento en países como China y Argentina. En el mismo plazo, por el contrario, los terrenos agrícolas que precisan del auxilio de polinizadores han crecido un 300 %. Dicho en otros términos, la oferta de abejas crece más lentamente que la demanda de los agricultores, generando inquietud sobre la seguridad alimentaria (es decir, la garantía de que en el futuro próximo se producirá alimento suficiente para todos). A ello se suma la zozobra de los apicultores, que con no poca frecuencia ven peligrar su profesión. Como resultado, existe un extendido clamor reclamando atención sobre la conservación de las abejas de la miel. Esa crisis tiene, incluso, su novela, de la noruega Maja Lunde, titulada *Historia de las abejas*.

Lejos de mi intención destriparles el libro de Lunde. Baste decir que incluye tres ficciones intercaladas, de las que una transcurre en el pasado, otra en el presente y la tercera (que cabe etiquetar de ciencia ficción, aunque perfectamente verosímil) en el futuro. Mediado el siglo XIX William, un comerciante de semillas inglés, padre de familia numerosa, se esfuerza por redimirse de sus depresiones y complejos diseñando y poniendo a punto un tipo moderno de colmena, con panales extraíbles e intercambiables, que de hecho supondrá el paso definitivo en el proceso de domesticación de estos insectos. George es un apicultor norteamericano que iniciado el siglo XXI viaja cada año con su familia y las colmenas por todo el país para polinizar los cultivos, sufriendo tanto el desdén de su hijo por la profesión como las enfermedades y crisis de las abejas. Casi un siglo más tarde, en China, Tao y los suyos forman parte de una sociedad desmoronada, en un mundo donde los polinizadores han desaparecido y ella se ve obligada a trabajar para el Estado polinizando manualmente los frutales con un cepillo de plumas (algo que ya se hace en algunas zonas de China en la actualidad, por cierto). Aunque contengan mucho más (las relaciones entre padres e hijos, la vida y la muerte, la convivencia, la soledad...), las dos primeras historias versan sobre la manera de forzar a las abejas y sacarles más partido, primero en forma de miel y luego como servicio de polinización; la tercera, en cambio, se ocupa de la difícil supervivencia sin ellas. De alguna forma, la autora recopila la historia de la destructiva relación de los humanos no ya con las abejas, sino con toda la naturaleza.

La dependencia de las abejas de la miel para la fecundación de los cultivos es un problema básicamente norteamericano. Poner demasiado énfasis en esta especie como polinizador universal, como hace Maja Lunde (en honor a la verdad, en entrevistas posteriores ha subrayado el papel de las especies silvestres), es un error. Se repite a menudo, por ejemplo, una frase atribuida a Einstein según la cual si las abejas desaparecieran «a los humanos solo les quedarían cuatro años de vida: sin abejas no hay polinización, ni hierba, ni animales, ni hombres». Einstein nunca dijo tal cosa, aunque a lo largo de su vida algunas veces hiciera referencia a las abejas (al parecer, la ocurrencia surgió en una protesta de apicultores celebrada en Bélgica en 1994; algún avispado debió imaginar que atribuir la sentencia a Einstein le daría más credibilidad). Lo previsible es que las abejas de la miel sobrevivan a sus problemas, pues son animales domésticos y sabemos cómo producirlas a gran escala (se alimentan artificialmente cuando lo necesitan, se les proporcionan refugios... Hoy en día, por ejemplo, se puede partir en dos una colmena sana y comprar una nueva reina por internet). Seguramente cometemos una grave equivocación al convertir a las familiares abejas en el símbolo de la conservación de los polinizadores, pues, como ha dicho Samantha Alger, ecóloga de la Universidad de Vermont, hacerlo es tanto como utilizar a las gallinas como emblema de la preservación de las aves. Es cierto que podemos y debemos aprovechar la buena fama de las abejas para difundir la relevancia de los insectos (sobre todo) en la polinización, pero sin olvidar que, como ocurre con todo el resto del ganado, sus disparatados números pueden llegar a constituir un problema.

Tal vez parezca contradictorio, pero aumentando el número de abejas de la miel podemos reducir la polinización, especialmente entre las plantas silvestres. Las abejas domésticas transmiten enfermedades a las montaraces y, sobre todo, las privan de recursos. Con desplazamientos rutinarios de miles de colmenas cada año, los ejemplares enfermos infectan a las flores y a las abejas locales. Por otro lado, en muchas ciudades europeas y americanas se ha puesto de moda la apicultura urbana. Empresas y gente concienciada con la conservación de la naturaleza colocan colmenas en sus balcones y azoteas con la mejor de las intenciones. Pero en las ciudades no abundan las flores, y la invasión de abejas domésticas deja a las especies salvajes (abejorros, abejas solitarias, moscas) sin comida, encaminándolas a la desaparición. Ese problema se da también en zonas rurales, como indicó hace unos años otro compañero y amigo, Carlos Herrera, al mostrar que en el último medio siglo se ha producido en la cuenca mediterránea una clara sustitución de especies salvajes por abejas domésticas en la polinización de muchas plantas silvestres y cultivadas. En otras palabras, cuanto más crece la dependencia de las abejas melíferas, más escasean los polinizadores nativos. Quizá por ello, aunque les sorprenda, hay científicos que consideran a las abejas domésticas una auténtica plaga (hoy están presentes en todo el mundo salvo en la Antártida; probablemente procedan de África, pero debieron de llegar a Europa y Asia hace milenios; por lo que se sabe, ya había colmenas en América en el siglo XVII, y en Australia y Nueva Zelanda a principios del XIX).

En gran parte del mundo la polinización es un asunto de insectos silvestres. Además, las abejas melíferas no son siempre las que mejor realizan la tarea. Un estudio reciente en la costa de California permitió advertir que las flores visitadas exclusivamente por abejas domésticas producían con frecuencia fresas mal formadas, lo que no ocurría, sin embargo, si recibían polinizadores nativos (casi siempre, en paisajes más variados); los estudiosos señalaron que las abejas comunes tienden a detenerse en la parte superior de la flor de la fresa, mientras que otras abejas nativas alcanzan a menudo la base del tálamo floral, lo que conduce a una polinización más completa y, en consecuencia, a frutas mejor constituidas. El ya mencionado Dave Goulson, autor de un delicioso libro sobre los abejorros (*Una historia con aguijón*), ha dicho de ellos que «son los polinizadores salvajes más importantes en Europa, China y Norteamérica; muchas plantas no podrán producir semillas sin ellos». Las abejas solitarias, que no forman colmenas ni producen miel, incluyen la gran mayoría de las especies de abejas y son polinizadoras esenciales. Otros grupos como los sírfidos, que son dípteros (es decir, moscas) con apariencia de abejas o avispas, también liban néctar y polinizan. Las flores del cacao son fecundadas por mosquitos de unos pocos milímetros. Ya hemos hablado de los escarabajos, pero quizá menos de las mariposas, especialmente algunas esfinges y otras especies nocturnas que polinizan a oscuras, cuando no las vemos... En Europa, donde tradicionalmente los predios son pequeños y abundan los setos y perdidos, la mayor parte de la polinización de los frutales la efectúan especies silvestres. Y la mala noticia es que los polinizadores salvajes están disminuyendo en todo el mundo, algunos muy aprisa. Les afectan los mismos problemas de las abejas domésticas (pesticidas, enfermedades, etc.), pero además, y sobre todo, la drástica transformación de la agricultura y los paisajes. Se estima que la diversidad de malezas en los últimos setenta años se ha reducido un 50 % en el conjunto de la Tierra, y son estas plantas, en general, las que ofrecen refugio y producen inflorescencias con polen y néctar. Mejor que llevar abejas domésticas a nuestras ciudades, plantemos flores y respetemos la vegetación de cunetas y baldíos.

El informe sobre polinizadores de 2016 de la Plataforma Intergubernamental sobre Biodiversidad y Servicios de los Ecosistemas (IPBES, análogo al más conocido IPCC, que evalúa el cambio climático) sugirió que las aportaciones de la polinización a la agricultura podrían alcanzar los 577.000 millones de dólares al año. Aseguró también que los datos eran escasos, pero que en Europa el 40 % de las especies de abejas silvestres estaban en peligro. En 2019 fue un paso más allá, afirmando que «la disminución de la diversidad de polinizadores está poniendo en peligro la producción de más del 75 % de los cultivos alimenticios globales». En realidad, la situación es mucho peor, pues la amenaza se cierne sobre la existencia misma de muchas especies de plantas y de los animales que dependen de ellas. En otras palabras, toda la naturaleza está en jaque.

Y aún más grave: el problema no es solo de los polinizadores, sino del conjunto de los insectos. Edward Wilson, el padrino, pues rechazaba la paternidad, del neologismo *biodiversidad*, se refería hace casi cuarenta años a los insectos (en realidad, a todos los invertebrados) como «los pequeños seres que hacen funcionar el mundo». Recordaba que la inmensa mayoría de seres vivos conocidos son insectos, particularmente escarabajos; que en una hectárea de bosque tropical puede haber unas cuantas docenas de aves y mamíferos, pero mil millones de invertebrados; que cada día un hormiguero de cortadoras de hojas recolecta más vegetación que una vaca; subrayaba, en definitiva, que los pequeños invertebrados son mucho más importantes para la conservación de los ecosistemas que los grandes y vistosos tigres y los osos panda. Y sin embargo, están desapareciendo. Muchos lectores recordarán que no hace demasiados años, en los días de verano, había que detener el coche para limpiar el parabrisas de insectos aplastados; apenas ocurre hoy. El ornitólogo danés Anders Møller tuvo la paciencia de recorrer repetidamente entre 1997 y 2017 dos tramos de carretera en su país, a 60 km/h, y contar cada vez el número de insectos estrellados contra su parabrisas; la disminución en veinte años osciló entre el 80 % y el 97 %. Muchos otros estudios muestran la misma tendencia, y ya se ha estimado que la masa total de insectos del mundo se estaría reduciendo un 2,5 % cada año. Dave Goulson ha publicado un libro, *Planeta silencioso. Las consecuencias de un mundo sin insectos*, que asusta; ha dicho: «La mayor parte de la vida en la Tierra desaparecería si no existieran los insectos, y si algún humano sobreviviera, no lo pasaría bien». ¿Aún hay quien duda de que los escarabajos, las avispas y las moscas, por molestos que resulten a veces, son deudores de reconocimiento? No hay más cuestiones, señoría, caso cerrado.

7

GRACIAS AL FITOPLANCTON

(que retiene carbono, libera oxígeno y fabrica materia viva...)

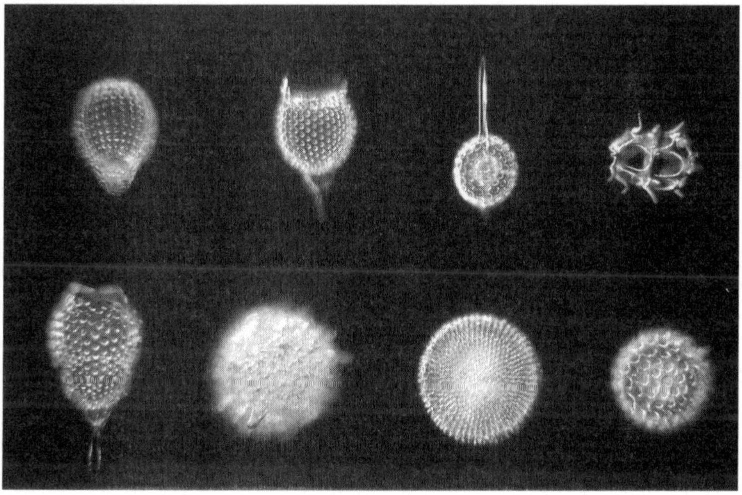

¿Saben aquel del señor muy friolero muy friolero que pidió ir al infierno, por aquello del calorcito, y una vez allí, cada vez que el diablo abría la cancela para recibir a un nuevo condenado, reclamaba: «¡Esa puerta, que hay corriente!»? En casa, cuando niños, disfrutábamos con chistes como ese, inocentes y un tanto surrealistas (¿serían de Gila?). Recuerdo otro que ocurría en el circo y se refería a un forzudo muy forzudo, enorme y lleno de músculos, que un día inhaló tan profunda y largamente, a fin de impresionar al público con la magnitud de sus pectorales, que motivó una vocecilla angustiada desde la grada: «¡Suelta el aire, que nos ahogamos!». En su desmesura, esta última chacota podría servirnos para inquirir por qué el aire no se agota cuando tantos lo usamos. Habrá quien diga que al poco de tomarlo lo devolvemos, pero ustedes saben que tal explicación, demasiado simple, no sirve: inspiramos aire rico en oxígeno, gas que actualmente constituye cerca del 21 % de la atmósfera (gran parte del resto es nitrógeno), pero lo que espiramos es diferente, contiene más dióxido de carbono (CO_2). De hecho, la respiración es un proceso por el cual la mayoría de los seres vivos tomamos oxígeno del entorno (bien sea la atmósfera, bien el agua) y devolvemos CO_2. ¿Por qué lo hacemos y por qué nos resulta imprescindible? A nivel celular, el oxígeno es preciso para oxidar («quemar») azúcares, dando como resultado agua y CO_2 y proporcionando de paso la energía que surte nuestro metabolismo. Los animales, las plantas, casi todos los hongos y muchas bacterias utilizamos el oxígeno que respiramos para crecer y vivir (recibimos por ello el nombre de organismos aerobios obligados; los que pueden vivir sin oxígeno son anaerobios). Ello lleva ocurriendo cientos, y en algunos casos miles, de millones de años. Desde esa perspectiva, entonces, sí que resulta pertinente preguntarnos por qué el oxígeno de la atmósfera no se consume nunca, por qué no se ha terminado. La respuesta es simple: hay seres vivos, fundamentalmente las plantas, algas y algunas bacterias, que liberan al oxígeno de sus ataduras y lo devuelven al derredor mediante la fotosíntesis, que en gran medida es el proceso especular a la respiración. La fotosíntesis productora de oxígeno (porque hay otros tipos) consiste básicamente en capturar la energía de la luz del sol, mediante un pigmento llamado clorofila, y transformarla en energía química capaz de romper la molécula del agua, formada por hidrógeno y oxígeno (H_2O); el hidrógeno se combina con el CO_2 para producir materia orgánica, y el oxígeno sobrante se expele como subproducto. Gracias a los organismos fotosintetizadores podemos vivir.

En el verano de 2019 el presidente de la República Francesa, Emmanuel Macron, inquieto por la desafortunada política del presidente Bolsonaro con respecto a las selvas brasileñas, publicó un par de bienintencionados tuits afirmando que la Amazonía es fundamental para el conjunto de la humanidad porque «es el pulmón del planeta, captura el 14% del CO_2 mundial y produce el 20% del oxígeno que respiramos». En el mismo sentido se manifestaron otros personajes con gran impacto público, como el futbolista Cristiano Ronaldo y el actor Leonardo DiCaprio. Incluso compartiendo esa preocupación, los científicos se inquietaron. No hay duda de que sobran razones, variadas e importantes, para defender los bosques tropicales, que almacenan la mayor biodiversidad terrestre, funcionan como depósitos de carbono y regulan el clima. Pero por mucho que se haya, y quizá lo hayamos, dicho a menudo, no son el pulmón del planeta, si es que esa expresión tiene algún sentido. La selva amazónica envía a la atmósfera tal vez un 6 % del oxígeno emitido a través de la fotosíntesis en el conjunto del globo, pero casi todo lo consume ella misma (con todos sus seres vivos) respirando. Y en los últimos lustros, con la acelerada deforestación, esa selva devuelve a la atmósfera casi tanto carbono como el que captura. En realidad, la mayor parte del oxígeno de la atmósfera se originó en los océanos y por sí solo bastaría para que respirásemos millones de años. Así que, al césar lo que es del césar, si a alguien tenemos que agradecer el que hayamos nacido en una Tierra provista del oxígeno imprescindible es, en primer lugar, a las cianobacterias (antes llamadas algas verdeazules) y otros organismos fotosintetizadores que conforman el fitoplancton marino.

Los organismos que realizan la fotosíntesis matan, si así puede decirse, tres pájaros de un tiro, y los tres nos afectan profundamente. Por un lado, como hemos dicho, expelen el oxígeno que necesitamos para respirar. Por otro, se los llama productores primarios, porque fabrican su propia materia viva y la que consumimos todos los demás (los humanos, como el resto de los animales, somos heterótrofos, esto es, necesitamos consumir sustancias orgánicas fabricadas por otros). Por fin, para hacerlo captan dióxido de carbono, el gas que está llevando el efecto invernadero más allá de lo deseable y provocando el calentamiento global. Los principales cambios a lo largo del tiempo en la composición gaseosa de la atmósfera y en la evolución de formas de vida complejas, entre las que nos contamos, han sido posibles gracias a los organismos fotosintetizadores.

Tendemos a pensar que la Tierra ha sido siempre parecida a como es hoy. Sin embargo, durante casi la mitad de su historia, unos dos mil millones de años, distó de ser un hogar hospitalario para los seres que respiramos oxígeno, pues la atmósfera no contenía este gas. Cuando llegó lo hizo como un contaminante que acabaría expulsando a rincones recónditos (el interior de los sedimentos, los intestinos de muchos animales, incluidos nosotros mismos) a los microbios que no lo toleraban, llamados anaerobios, que hasta entonces habían sido dominantes. El proceso nos muestra mejor que ninguna otra cosa de qué forma son, o somos, los seres vivos que fabricamos el ambiente, y cómo, en consecuencia, podemos alterarlo inadvertida o conscientemente, incluso perjudicando a nuestros intereses. La aparición a gran escala, bien que inferior a la actual, de oxígeno en la atmósfera terrestre se conoce como Evento de la Gran Oxidación, o Revolución del Oxígeno, y acaeció hace aproximadamente 2.400 millones de años. A partir de aquel oxígeno se formó una capa de ozono (molécula formada, precisamente, por tres átomos de oxígeno) que protegía a la superficie terrestre de la radiación ultravioleta, hecho que abrió la puerta a la conquista por los seres vivos de la tierra firme. También posibilitó que apareciera evolutivamente la respiración, que como pueden imaginar fue posterior a la fotosíntesis: solo se pudo respirar cuando existía oxígeno libre. Con la respiración evolucionaron seres vivos con metabolismos más rápidos y eficientes, primero simplemente dotados de orgánulos y un núcleo diferenciado en su célula (organismos eucariotas; ver «Gracias a los microbios») y más tarde multicelulares, con grandes tamaños corporales y tejidos especializados.

Un estudio reciente ha propuesto que el oxígeno libre atmosférico pudo formarse por un proceso exclusivamente geológico. Minerales que contienen agua y llegan al núcleo de hierro de la Tierra podrían formar, bajo condiciones de presión y temperatura altísimas (experimentalmente, un millón de veces la presión habitual y 2.000 grados centígrados), grandes masas de óxidos de hierro en el límite entre el núcleo y el manto terráqueos. En determinadas circunstancias, sugiere el geólogo chino-estadounidense Ho-Kwang Mao, estas reservas de oxígeno alcanzarían un punto crítico, dando lugar a una emisión masiva del gas compatible con la Gran Oxidación. La idea no deja de ser sugestiva, como todo lo nuevo. Sin embargo, la inmensa mayoría de los científicos piensan que los responsables de la oxidación fueron unos seres minúsculos ya mencionados, las cianobacterias, que aún hoy forman parte del fitoplancton en todos los lagos y mares. Ellas inventaron la fotosíntesis.

Durante largos años esta historia se contó de una forma tal vez incorrecta. Cianobacterias de algún tipo han existido en la Tierra casi desde el principio de la historia de la vida, hace más de 3.500 millones de años (algunas de ellas, al capturar y fijar partículas carbonatadas, construyeron estromatolitos, esas peculiares formas rocosas redondeadas que aún se forman hoy, y que se cuentan entre los indicios fósiles más antiguos de actividad de seres vivos). Pensábamos que la labor lenta e incansable de las cianobacterias liberando oxígeno había propiciado, poco a poco (de hecho a lo largo de entre 500 y 1.500 millones de años), la Gran Oxidación. Sin embargo, los geólogos dicen que no fue un proceso gradual, sino más bien súbito (en su escala de medir). Para explicar por qué el oxígeno apareció en la atmósfera mucho más tarde que las cianobacterias que se suponía lo evacuaban se han sugerido distintas opciones.

El océano podría haberlo retenido, al ser una sustancia muy reactiva (se mezcla fácilmente con otras), en grandes depósitos de óxido de hierro, algunos de los cuales explotamos como minas. O bien el oxígeno libre podría haber sido *neutralizado* al reaccionar con gases volcánicos. Hace unos años la australiana Rochelle Soo y otros colegas propusieron en la revista *Science* una hipótesis distinta y apasionante, pues se fundamenta en una actividad biológica en lugar de geológica: no habría cambiado el entorno físico-químico, sino que lo habrían hecho las cianobacterias; las primeras no liberaban oxígeno; aprender a usar la energía de la luz captando CO_2 y expeliendo oxígeno dependió de un robo de genes.

El grupo liderado por Rochelle Soo secuenció parcialmente genomas de cianobacterias primitivas y no encontró trazas de genes capaces de transformar la energía lumínica en energía química. De ello infirieron que el antecesor común de todas las cianobacterias era incapaz de fotosintetizar, característica que habría aparecido en un gran grupo, las *Oxyphotobacteria*, seguramente por transferencia lateral de genes (es decir, a partir de genes no heredados, sino transferidos desde el genoma de una bacteria diferente). «Lo único que podemos decir —comentan— es que la fotosíntesis productora de oxígeno surgió relativamente tarde en la historia de las bacterias.» Llamativamente, sitúan la aparición de las *Oxyphotobacteria* entre 2.500 y 2.600 millones de años atrás, precisamente poco antes de la Gran Oxidación. La curiosidad, claro está, lleva a cuestionarse de dónde podían proceder esos genes transferidos que cambiaron el mundo. Javier Sampedro, de *El País*, se puso en contacto con Woodward Fisher, uno de los firmantes del artículo, para preguntárselo. Fisher dijo que por el momento no hay respuesta, pero que resulta «tentador pensar que alguno de los otros grandes grupos bacterianos capaces de un tipo de fotosíntesis que no produce oxígeno, y hay seis para elegir, donó los genes, y luego las cianobacterias receptoras embellecieron ese metabolismo al añadirle la habilidad de romper el agua y liberar oxígeno».

Tradicionalmente se ha considerado a las cianobacterias como parte esencial del fitoplancton, término que procede del griego, concretamente de las palabras *fito = planta* y *plancton = errante*. Literalmente se trataría, pues, de *plantas errantes*, que se desplazan flotando al albur de las corrientes. Como hoy sabemos que las bacterias no son plantas, si habláramos con propiedad deberíamos decir, seguramente, bacterioplancton. Sin embargo, fitoplancton se ha empleado, y aún sigue empleándose, para referirse a todas las especies del plancton capaces de generar su propia materia orgánica a través de la fotosíntesis (algo que también hacen las plantas). Alternativamente, zooplancton se utiliza, en este caso por analogía con los animales, para las especies del plancton que necesitan consumir otros organismos o sus restos. Gran parte del plancton es microscópico, o en todo caso muy pequeño, aunque en puridad algunas algas como los sargazos son enormes y vagan flotando, así que cumplen de lleno las condiciones para ser consideradas fitoplancton. Sorprendentemente, parte de las especies más abundantes y funcionalmente importantes del fitoplancton eran desconocidas hasta hace poco tiempo.

Siete décimas partes de la superficie del planeta Tierra están cubiertas por los océanos, cuya profundidad media se acerca a los 4.000 metros. Son alrededor de 1.300 millones de kilómetros cúbicos de agua salada que a simple vista nos parecen más o menos homogéneos (salvando las cuestiones de luz y temperatura) y que han sido, en relación con la porción terrestre del globo, muy poco explorados. Ello se ha traducido en que los seres vivos probablemente más comunes, bien que ocultos a nuestra mirada, solo se hayan descubierto en el último medio siglo. Me refiero, sobre todo, a dos tipos de cianobacterias responsables de mucha de la fotosíntesis bacteriana. Antes del lanzamiento de los satélites artificiales que investigaban el océano desde el espacio, a finales de los setenta del pasado siglo, se pensaba que las grandes explosiones de plancton eran un fenómeno básicamente costero, relacionado con el aporte de nutrientes al mar desde los ríos y la tierra firme. Robert Kunzig cuenta en *La exploración del mar* cómo las imágenes satelitales «lo cambiaron todo». Se pudo ver, por ejemplo, de qué manera el Atlántico Norte se volvía verde en primavera, debido a la abundancia de clorofila cerca de la superficie (lógicamente, las cianobacterias no viven en las profundidades, adonde no llega la luz), pero se sabía muy poco de los organismos responsables de ello.

En 1965, continúa Kunzig, el estudioso Bob Guillard había conseguido cultivar una nueva cianobacteria, obtenida en Surinam, cuyas colonias formaban en el tubo de ensayo pequeñas motas rojas. La guardó porque era bonita, pero la juzgó una simple rareza. Quince años más tarde, sin embargo, los oceanógrafos accedieron a una nueva herramienta, el microscopio de fluorescencia, gracias al cual pudieron ver que gran parte de lo que antes consideraban minúsculas porciones de polvo en el agua eran en realidad organismos vivos que brillaban bajo la radiación del aparato. Algunos de ellos desprendían un fogonazo anaranjado, procedente de un pigmento inhabitual, y Guillard recordó sus motitas rojas. Resultó que eran las mismas cianobacterias y que estaban por todas partes, medían apenas una milésima de milímetro (una micra), y había decenas de miles de ellas en cada centímetro cúbico de agua. Fueron descritas en 1979 con el nombre de *Synechococcus* y Guillard pudo decir: «Cien años de oceanografía y el ser vivo más abundante del mundo no había sido identificado por nadie». Pero el récord apenas duró dos lustros.

A finales de los ochenta la bióloga marina Penny Chisholm y su colaborador posdoctoral en el MIT (Instituto de Tecnología de Massachusetts) Rob Olson, que estaban fascinados por los *Synechococcus* y otras bacterias diminutas (picobacterias), empezaron a utilizar un instrumento aún más sofisticado, el citómetro de flujo, que se sirve de un láser para caracterizar y clasificar por su forma y tamaño células individuales. Al ponerlo en marcha, Olson notó una inesperada fluorescencia roja tan pequeña que pensó que sería «ruido electrónico» y no le dio importancia. Sin embargo, el presunto *ruido* cambiaba de forma predecible con las condiciones (profundidad y temperatura) de procedencia de las muestras, lo que sugería que podía tratarse de algo vivo. Chisholm se resistía a admitir que pudiera ser una nueva cianobacteria, hasta que los miembros del equipo lograron fotografiarla con un microscopio electrónico. «Era un problema de actitud mental —dijo luego—, no imaginábamos que pudieran existir organismos tan pequeños capaces de fotosintetizar.» Describieron su hallazgo en 1988 y bautizaron a la nueva bacteria, de algo más de media milésima de milímetro, como *Prochlorococcus* (*pequeño coco, o bola, verde*). Desde entonces, el *Prochlorococcus* no ha parado de dar sorpresas. Para empezar, tiene un tipo de clorofila raro en las cianobacterias y, sin embargo, característico de las algas y las plantas terrestres, lo que hizo pensar que pudiera ser el tipo de bacteria capturada por otra mayor para utilizarla como cloroplasto. Además, es muy difícil estudiarlo en el laboratorio: hasta 1990 nadie fue capaz de cultivar *Prochlorococcus*, y solo en el 2000 pudo trabajarse con ellos fuera del mar. Los estudiosos han comprobado que el genoma de cada célula de *Prochlorococcus* tiene apenas 2.000 genes, pero hay muchísimos ecotipos diferentes (hasta cien coexisten en un mililitro de agua), lo que permite a la especie captar eficientemente la luz en todas las condiciones ambientales. De hecho, conjuntamente suman cerca de 83.000 genes, más del doble que los humanos, lo que representa «una tonelada de información para esos pequeños tipos», dice Chisholm. Ubicuos entre los paralelos 40°N y 40°S, los *Prochlorococcus* son el ser vivo más abundante del mundo... de entre los conocidos hasta ahora (muchos oceanógrafos piensan que aún no se ha llegado a la última frontera y se batirá también esa marca). A Penny Chisholm le gusta contar que sus pequeños cocos verdes pesan, en conjunto, tanto como 220 millones de coches Escarabajo, el popular Volkswagen Tipo 1 de mediado el siglo XX.

Las cianobacterias (en gran medida las mencionadas *Synechococcus* y *Prochlorococcus*, y además *Trichodesmium*, que es algo más grande y capaz de fijar nitrógeno atmosférico) suelen ser los organismos dominantes en el fitoplancton de los mares templados y cálidos, mientras que en latitudes más altas son más comunes las proporcionalmente gigantescas diatomeas, a las que se considera responsables de alrededor del 20 % de la producción primaria global (el total de materia orgánica fabricada por los organismos autótrofos cada año). Las diatomeas miden entre una y veinte centésimas de milímetro y, como se veían con relativa facilidad con los viejos microscopios, se conocen desde antiguo. Primero se las consideró *granos de cereal animales* y mediado el siglo XIX cercanas a las plantas. Actualmente se reconocen unas 20.000 especies en aguas dulces y marinas, así como en ambientes simplemente húmedos, pero se supone que existen muchas más (algunos hablan de cientos de miles). La característica morfológica más notable de las diatomeas es su concha (o frústula) silícea, formada por dos valvas de diferente tamaño (en griego, *diatomé* es 'cortada en dos') que encajan la una en la otra y están dotadas de variados y exquisitos diseños geométricos. Las diatomeas al morir tienden a hundirse lentamente y se acumulan formando sedimentos. Esta *tierra de diatomeas*, o *diatomita*, se utilizaba ya en la Grecia clásica y tiene muchas aplicaciones, derivadas en gran medida de las propiedades de las tecas o valvas de sílice. Uno de los usos más conocidos es como parte de la dinamita, ya que empapa y estabiliza la nitroglicerina líquida, propensa a explotar. También se usa en filtros de piscinas por su capacidad para retener pequeñas partículas. La sílice de las diatomeas, suavemente abrasiva, se emplea en cosmética para cremas exfoliantes e incluso en dentífricos. Mediado el siglo XX trabajadores que pulían piedras preciosas con diatomita se dieron cuenta de que en el taller aparecían muchos insectos muertos, y ello abrió la puerta a su uso como insecticida: las espículas de sílice perforan la película epidérmica de los artrópodos y provocan su deshidratación. Sirve asimismo como fertilizante y antiparasitario, en pinturas antideslizantes y en el desarrollo de modernos materiales, muy ligeros y resistentes, relacionados con la industria automovilística y aeroespacial. Como es muy absorbente, la tierra de diatomeas resulta ideal como sustrato en los cajones donde los animales domésticos, sobre todo gatos, depositan sus excrementos. Algunas diatomeas se cultivan a escala industrial para alimento de larvas de animales de acuario. Y sobre el terreno son muy utilizadas como bioindicadores ambientales, especialmente de la calidad del agua. Finalmente, y no es un uso menor, las diatomeas han sido, por la belleza y regularidad de sus frústulas, objeto de inspiración artística.

De todos modos, por más que lo merezcan, excede mi intención agradecer a las diatomeas todas esas cosas. Admito que me he ido por las ramas. Mi propósito era enfatizar el papel del fitoplancton, del que las diatomeas son un elemento esencial, en la dinámica de la vida en la Tierra, de la que obviamente los humanos dependemos. Suele afirmarse que el fitoplancton realiza alrededor del 50% de la fotosíntesis total del planeta, pero probablemente la cifra sea aún más alta. La otra mitad corresponde a las plantas terrestres, que de acuerdo con Tim Lenton y otros investigadores de la Universidad de Exeter fueron esenciales para completar la Gran Oxidación. Según ellos, durante muchos millones de años gran parte del oxígeno que el fitoplancton emitía al mar era captado por las rocas sedimentarias formadas por los restos de células microbianas. Se trataba de una especie de bucle (a más microbios, más oxígeno, pero también más captación) que solo pudo romper la actividad fotosintética de las primeras plantas terrestres, surgidas hace 470 millones de años. «Durante 400 millones de años desde entonces el oxígeno atmosférico estuvo aumentando hasta alcanzar los niveles actuales —escriben— y a partir de entonces retroalimentaciones mediadas por los incendios han estabilizado los niveles.» Esta mención hace justicia a las plantas terrestres, que bien podrían haber sido las protagonistas principales de este capítulo (si las he postergado es simplemente porque su papel en la dinámica de la biosfera ha sido mencionado más a menudo que el de los microorganismos marinos).

De la trascendencia de la actividad fotosintética de las plantas terrestres dan fe los cambios estacionales en la composición de la atmósfera del hemisferio norte que descubriera el meteorólogo Charles Keeling hacia 1960. En su juventud, en el Instituto de Tecnología de California, Keeling desarrolló y perfeccionó aparatos para medir el CO_2 en el aire. Sus primeras observaciones, mientras salía de acampada con su esposa y sus hijos, corroboraron lo que Jan Ingenhousz, descubridor en el siglo XVIII de la fotosíntesis en los vegetales, había observado: el CO_2 disminuía junto a los árboles durante el día, cuando tenían luz para fotosintetizar, y aumentaba en cambio tras oscurecer (recuerdo que de niños, siguiendo las viejas recomendaciones de Ingenhousz, nos pedían sacar las macetas del dormitorio por la noche ¡porque las plantas nos podían dejar sin oxígeno!). En 1958 Keeling fue contratado por el Instituto Scripps de Oceanografía y marchó a Hawái para montar un observatorio meteorológico en lo alto del volcán de Mauna Loa, por encima de 3.000 metros de altitud. Iba decidido a medir el CO_2 porque el paraje era ideal, en medio del océano y alejado de fuentes de contaminación, y «las mediciones que existían hasta entonces eran confusas». Muy pronto se dio cuenta de dos cosas: los niveles de CO_2 en la atmósfera aumentaban de año en año, pero además seguían una marcada pauta estacional: se reducían en primavera y verano, cuando las plantas de la mitad norte de la Tierra se teñían de verde y fotosintetizaban más, y aumentaban en otoño e invierno, cuando esas mismas plantas tiraban las hojas y predominaba la descomposición. De alguna forma, la Tierra exhalaba e inhalaba CO_2 siguiendo la dinámica de las plantas. La curva dibujada por los datos de Keeling, con altibajos regulares cada año pero una firme tendencia hacia el aumento, se ha tildado de «la gráfica más importante del siglo XX».

En el mar, el fitoplancton (productores primarios) alimenta al zooplancton, ese universo de minúsculos herbívoros (en sentido amplio) que incluye desde bacterias a protozoos, ciliados, copépodos, foraminíferos, cnidarios, pequeños crustáceos como el krill (pasto de la enorme ballena azul) y huevos y larvas de muy diferentes animales (como ostras y almejas, erizos y estrellas de mar, e incluso peces) que en su fase adulta dejarán de vagar con las corrientes marinas. El zooplancton, a su vez, nutre a infinidad de peces pelágicos como sardinas, boquerones, caballas y anchovetas (estas últimas, típicas del Pacífico peruano, soportan la pesquería monoespecífica más importante del mundo), que a su vez son consumidos por peces mayores, pulpos y calamares, aves marinas y delfines. Y aún hay superdepredadores, como los atunes, que capturan grandes peces, y están las orcas, que comen atunes. En tierra firme las cosas son parecidas, aunque los productores primarios son las plantas y las cadenas tróficas tienden a ser más cortas: la hierba da de comer a los conejos y estos alimentan a las águilas o los linces, por ejemplo (pero también caben cadenas más largas: el pequeño insecto al que se come una araña que es comida por otra mayor, y esta por un pájaro, y el pájaro por un azor, pongamos por caso). Tanto en el mar como en la tierra, por fin, los residuos y los cadáveres son pasto de los descomponedores (bacterias y hongos, fundamentalmente, pero también especies mayores; ver «Gracias a los buitres»). Y paso a paso, el carbono que incorporaron a sus cuerpos los productores primarios se transfiere a lo largo de la red trófica, perdiéndose parcialmente por el camino al oxidarse por la respiración.

El carbono, por tanto, se hace materia viva gracias a la fotosíntesis, pero su sino es mineralizarse de nuevo en forma de CO_2 cuando los organismos mueren, o simplemente cuando gastan energía viviendo (al hacer ejercicio *quemamos reservas* porque conseguimos energía oxidando azúcares y grasas y liberando CO_2). En principio, las cadenas tróficas marinas toman CO_2 disuelto en el agua, adonde igualmente devuelven el oxígeno, en tanto las terrestres lo hacen de la atmósfera. Sin embargo, ambos sistemas están íntimamente vinculados por el incesante intercambio de gases a través de la superficie de los océanos. Las proporciones relativas de oxígeno y CO_2 en la atmósfera están por tanto conectadas, aunque el primero sea infinitamente más abundante (el CO_2 solo alcanza el 0,04 %). Cuando la fotosíntesis supera a la respiración, se acumula carbono en algún lado y su proporción en la atmósfera disminuye. Si ocurre lo contrario, se devuelve carbono previamente guardado y su proporción en la atmósfera aumenta (eso ocurre actualmente, pues estamos quemando el carbono almacenado muchos millones de años atrás en los combustibles fósiles; de alguna manera es una forma artificial de incrementar la respiración de la biosfera). L. B. Slobodkin lo escribió con mucha claridad: «Por cada molécula de oxígeno de nuestra atmósfera hay un átomo de carbono enterrado en algún lugar que no consigue recombinarse».

Una cantidad relativamente pequeña de carbono es retenida de manera estable en los ecosistemas terrestres maduros, pero mucho más en el mar. La capacidad de extraer carbono de las capas superficiales del océano, fijarlo y transferirlo luego a las profundidades (en forma de cadáveres, excrementos, etc., que caen lentamente como *nieve marina*), donde es capturado en los sedimentos, se conoce como *bomba biológica*. La bomba fisicoquímica, por su parte, depende de la capacidad del CO_2 para disolverse en el mar (en latitudes altas el océano capta CO_2 y en latitudes ecuatoriales lo emite). En conjunto, se estima que los océanos almacenan el 95% del carbono total de mares, atmósfera y superficie terrestre. Evidentemente, las dos bombas tienen una gran importancia en el sistema climático, pues afectan a la cantidad de CO_2 en la atmósfera, que incrementa el efecto invernadero.

En los últimos veinte años, sin embargo, gracias en gran medida a las investigaciones de Carlos Duarte y otros científicos, se ha advertido que los ecosistemas que más rápida y eficazmente secuestran carbono no son los mares abiertos, ni tampoco los bosques, sino precisamente la interfase entre el mar y la tierra firme. Hablamos de las marismas, los manglares y las praderas costeras. En todas ellas predominan las plantas terrestres que soportan la salinidad del mar, como es el caso de las praderas de *Posidonia* en el Mediterráneo y las grandes algas. Normalmente estas zonas costeras con vegetación son muy productivas, pues reciben nutrientes desde los ríos (muchas están en desembocaduras) y desde la tierra, y además tienen una gran capacidad de retener sedimentos, elevando el nivel del fondo (lo que puede mitigar el impacto de la subida del nivel del mar debida al calentamiento global). Según las estimaciones de Duarte, las praderas submarinas, por ejemplo, representarían apenas el uno por mil de la superficie del océano, pero serían responsables del secuestro del 20 % del carbono en el mar. Al carbono capturado por esas «trampas costeras de CO_2» se lo etiqueta como carbono azul, para diferenciarlo del capturado por las plantas en tierra firme, que sería carbono verde. Desde hace años recibimos mensajes urgiéndonos a reducir las emisiones de CO_2 a la atmósfera, una tarea imprescindible si queremos evitar un cambio catastrófico en el clima terrestre. Pero además de hacerlo, y simultáneamente, deberíamos potenciar los sumideros de carbono azul, que tan eficaces demuestran ser. Por desgracia, estamos haciendo exactamente lo contrario: en el último medio siglo se han destruido por la acción humana entre la cuarta parte y la mitad de los ecosistemas costeros vegetados a nivel mundial. Elena Ceballos, física y oceanógrafa sevillana y reciente premio Ezequiel Martínez a Jóvenes Investigadores, ha acuñado un lema que repite tanto como puede: «Sin azul, no hay verde», aunque ella incluya en el azul a todo el océano.

Probablemente nos cuesta vislumbrar la importancia del fitoplancton, que no podemos ver (como tampoco percibimos el oxígeno o el CO_2), y al que, como hemos contado, apenas conocemos bien. Es difícil admitir que podamos respirar porque unas bacterias minúsculas están continuamente, al menos mientras hay luz, emitiendo oxígeno. Más aún, que el clima en la Tierra dependa de que esas bacterias, y las plantas, continúen extrayendo carbono de los océanos y el aire. Y por fin que comamos gracias a ellas, pues como buenos animales somos incapaces de fabricar materia orgánica a partir de la inorgánica. Y como es difícil entenderlo, porque es poco intuitivo, resulta complicado mostrarnos agradecidos al fitoplancton. Pero lo cierto es que sin él y sin los vegetales no podríamos existir.

8

GRACIAS A LOS MURCIÉLAGOS

(que controlan plagas potenciales...)

Si lo piensan bien, cualquier especie puede convertirse en una plaga, basta con que su población crezca desmesuradamente. Hablamos de microorganismos, hongos, plantas y animales, no hay excepciones. El más inocente de los árboles que se reprodujera sin limitaciones podría acaparar los recursos que necesitan los demás e invadir nuestras huertas y propiedades (recuerdo *el seto* en la novela *Parábola de un náufrago*, de Delibes). Justo por ello, una de las tareas esenciales de la biodiversidad es regularse, conseguir que unas especies limiten a otras de forma que ninguna dispare sus números (convendrán conmigo en que *Homo sapiens* ha escapado a esos controles, lo que es mérito, y no demérito, suyo; otra cosa son los problemas que acarrea habernos hecho plaga). La necesidad de una limitación poblacional resulta evidente cuando pensamos en organismos que nos hacen daño, bien porque transmiten enfermedades, bien porque consumen productos que cultivamos o animales que criamos. Prácticamente todas las especies, de un modo u otro, están inmersas en ese papel regulador, bien sea hacia arriba (la disponibilidad de hierba limita el número de ciervos que la comen), bien hacia abajo (la presencia de lobos reduce el número de ciervos, de forma que no lleguen a comerse toda la hierba), aunque me centraré en unas pocas, especialmente relacionadas con el control de las plagas agrícolas.

Pensaba titular este capítulo «Gracias a las arañas», pues suelen caer gordas, pese a que limitan las plagas de insectos en jardines y huertos. Tras el COVID-19 he decidido, sin embargo, cambiar el encabezamiento. Los murciélagos o quirópteros bien merecen ser reivindicados, a la par que agradecidos. Casi desde el descubrimiento del tristemente famoso virus SARS-CoV-2, autoridades y profanos han asignado el origen del mal a los murciélagos. Como han contado mi compañero Javier Juste y otros colegas, es cierto que los coronavirus en general han evolucionado asociados a los murciélagos, aunque no sean exclusivos de estos animales. Pero no es menos verdad que nadie ha probado, que yo sepa, que una especie concreta de murciélago sea el origen del virus que nos mata. Empero, ello no ha impedido que cientos de miles de estos mamíferos voladores hayan sido sacrificados en el mundo, sobre todo en Asia y Sudamérica, pretendidamente para luchar contra la pandemia. Merece la pena, en esta tesitura, echar una mano a los murciélagos, otorgándoles un lugar preferente en el escaparate de los seres vivos que prestan gratuitamente sus servicios a la humanidad.

Desenfadadamente, algún periodista de justo renombre ha propuesto un *baticidio* (la eliminación de los murciélagos; del inglés *bat* = *murciélago*) para reducir los riesgos del virus para la salud humana. Este repunte de la fobia a los murciélagos se suma a su tradicional mala imagen como chupadores de sangre y habitantes de los cementerios (el mito de Drácula), o como transmisores de rabia, cuando no a su fama de impuros, ya reseñada en la Biblia, por aquello de provenir de la oscuridad y el inframundo (las cuevas que habitan, moradas de Satanás). Como ha escrito Manuel Ángel Charro en la *Revista de Folklore* de la Fundación Joaquín Díaz, «la general aversión que acompaña a estos animales ha de atribuirse a sus hábitos nocturnos, a su semejanza con los ratones, a su atemorizadora estructura facial, a la extraña conformación de sus extremidades o al ámbito siniestro de sus refugios. Su extravagante aspecto ha hecho que la imaginación popular los convierta en animales de mal agüero, compañeros inseparables de brujas y duendes».

Pero no siempre, ni en todas las culturas, ha sido así. En el antiguo Egipto se veía con agrado que los murciélagos se instalaran en las casas, pues se suponía que impedían el paso a los demonios (a veces se hizo otro tanto en nuestros pueblos, pero clavando en la puerta un murciélago muerto), y en algunas islas del Pacífico son animales sagrados. También en parte de China son símbolos de felicidad y buena suerte. En Bali es famoso el templo de Goa Lawah, con más de mil años de antigüedad, y su cueva de los murciélagos, aunque algunas guías turísticas para occidentales recomienden no visitarlo porque «las docenas de miles de murciélagos provocan escalofríos y se dirían extraídos de una película de terror». Aparecen murciélagos en pinturas y artefactos de la cultura moche en Perú y en la de los mayas centroamericanos, tal vez asociados a alguna deidad. Y sin necesidad de viajar tan lejos en el tiempo y en el espacio, famosa es la imagen del murciélago que luce en lo alto del escudo de la ciudad de Valencia, procedente de la heráldica de los monarcas del Reino de Aragón. Incluso podemos recordar en positivo la figura de Batman, el justiciero hombre murciélago.

Pero, dejando a un lado que nos caigan bien o mal, ¿por qué deberíamos estar agradecidos a los murciélagos, únicos mamíferos voladores? ¿Perderíamos algo si acabamos con ellos? Para empezar, aclaremos que el término murciélago esconde, o agrupa, a muchos animales diferentes. Existen en el mundo alrededor de 1.300 especies de murciélagos o quirópteros, lo que convierte a este grupo en el segundo orden de la clase Mammalia (mamíferos) con más integrantes, solo por detrás de los roedores. Una de cada 4-5 especies de mamíferos en el mundo es un murciélago. Como comprenderán, entre bastantes más de mil especies se registra una gran variedad de tamaños (de menos de 2 gramos a un kilo y medio), formas y hábitos. Pero, básicamente, los murciélagos se agrupan en dos grandes líneas que han tenido historias evolutivas dispares, tras separarse hace cerca de 50 millones de años. Unos, los megaquirópteros o zorros voladores, propios de los trópicos del Viejo Mundo y Australia, son básicamente frugívoros, y otros, los microquirópteros, presentes en todos los continentes y dotados de ecolocación, son básicamente insectívoros (aunque existan especies que consumen pequeños vertebrados, frutos, néctar e incluso sangre, como hacen los vampiros). Muchos zorros voladores y algunos microquirópteros son importantes dispersores de semillas, otros polinizan plantas de importancia económica, y gran parte de los microquirópteros nos ayudan a controlar las plagas agrícolas. En este capítulo trataremos fundamentalmente de estos últimos.

Los murciélagos tienen una tasa metabólica muy alta (cuando están activos; en las zonas templadas y frías duermen en invierno) y necesitan comer cada día por encima del 25 % (y hasta el 100 %) de su propio peso. Imagínense, como si una persona de 60 kilos precisara ingerir cada jornada más de 15 kilos de alimento. Cazadores nocturnos, depredan vorazmente sobre escarabajos y polillas, que con frecuencia causan, ya sean los ejemplares adultos o las larvas, daños en los bosques y la agricultura. Normalmente, los beneficios derivados de esta actividad cazadora de los murciélagos se han estimado de forma indirecta, basándose en el tamaño de sus colonias, los requerimientos tróficos y la dieta aproximada. Ejemplos típicos fueron recogidos por Justin Boyles y otros autores en un artículo publicado en *Science* en 2011. Una sola colonia de 150 murciélagos morenos norteamericanos (*Eptesicus fuscus*) come aproximadamente 1,3 millones de insectos perjudiciales para la agricultura en un año. Cada murciélago café menor (*Myotis lucifugus*) precisa de 4 a 8 gramos de insectos por noche, y existen millones de ejemplares (o, mejor, existían; un hongo ha terminado con muchos de ellos). En base a extrapolaciones de numerosos casos parecidos, Boyles y su grupo valoraron monetariamente los beneficios de los murciélagos para la agroindustria de Estados Unidos entre un mínimo de 3.700 y un máximo de 53.000 millones de dólares por año, con un promedio de 23.000 millones. En esa cifra, aclaran, se incluye el coste de los pesticidas ahorrados por innecesarios, pero no las ventajas indirectas asociadas al abandono de los mismos, como la reducción de daños ecológicos y sanitarios o la evolución de resistencia por parte de los insectos plaga, que sería evitada.

Uno de los espectáculos más llamativos de la naturaleza acontece cada día de verano en Bracken Cave, una torca (o dolina) de unos doce metros de ancho de boca cercana a San Antonio (Texas). En ella se reproducen anualmente de 15 a 20 millones de hembras de murciélagos de varias especies, pero singularmente del murciélago rabudo americano (*Tadarida brasiliensis*). Se trata de la concentración de mamíferos más grande del mundo. Tanto la cueva como los terrenos circundantes fueron comprados en 1991 por la ONG Bat Conservation International, que lleva a cabo allí programas de investigación, sensibilización y turismo de observación de la fauna. Lo cuenta Carles Flaquer en la bonita película *Humanos y murciélagos*, realizada por el Museo de Ciencias Naturales de Granollers. Cada noche, explica, 40 millones de murciélagos salen a cazar sobre Texas, la mitad de ellos de Bracken Cave, formando nubes tan densas que pueden ser rastreadas con radares meteorológicos. Vuelan hasta 90 kilómetros de distancia buscando las polillas del maíz y el algodón, su alimento preferido. En el documental, uno de los guías de Bracken Cave expone a sus oyentes: «Esta colonia comerá esta noche cien toneladas de insectos; los agricultores los adoran».

No es raro que algunos científicos (que tendemos a ser muy pejigueros, en extremo puntillosos) pongan en duda estas afirmaciones. ¿Quién asegura que el grueso de los insectos consumidos sean perjudiciales?, ¿y si hubiera tantas presas potenciales que el efecto de la depredación resultara insignificante? Además, los murciélagos devoran adultos, pero son las orugas las que producen daños, ¿es seguro que reducir el número de adultos disminuirá el de larvas? En definitiva, ¿alguien ha medido realmente qué les ocurre a las cosechas donde hay, y donde no hay, murciélagos? Josiah Maine y el propio Justin Boyles, de la Universidad del Sur de Illinois, recogieron el guante y llevaron a cabo un imaginativo y complejo experimento para dar cumplida respuesta. Durante dos años, cercaron seis parcelas de maizal de 20 × 20 metros con mallas de 7 metros de altura y dejaron aledañas otras seis parcelas abiertas para comparar los efectos. Con una particularidad: las jaulas de red se abrían mediante un sistema de cuerdas y poleas durante el día, de manera que pudieran entrar los pájaros (y el agricultor, si hacía falta) y solo se cerraban por la noche, cuando los murciélagos eran activos. De esta forma, los investigadores asumían que las posibles diferencias en la cosecha entre las parcelas abiertas y cerradas podrían achacarse a la presencia o no de murciélagos en ellas. Los cercados se mantuvieron de junio a septiembre.

Los cultivos de maíz sufren pérdidas importantes ocasionadas por orugas de distintas polillas, como el piral, el taladro, el barrenador o el gusano gris. En líneas generales, esas orugas comen hojas en la fase vegetativa y destruyen granos de las mazorcas durante la fructificación. Los murciélagos detectan dónde abundan las polillas y, como sabemos, viajan a largas distancias para consumirlas. Dado que en el Medio Oeste americano hay numerosas especies de murciélagos, de las que varias, como el murciélago colorado (*Lasiurus borealis*), son especialistas en la caza y consumo de mariposas nocturnas, los investigadores predijeron que donde se suprimieran estos depredadores el rendimiento de las cosechas decaería (además, aunque no nos detengamos en ello, las polillas son capaces de localizar los ultrasonidos de los murciélagos y evitan reproducirse donde estos abundan, así que ni siquiera haría falta comérselas). Los resultados superaron las expectativas. En las parcelas sin murciélagos había un 59 % más de larvas y un 56 % más de granos dañados que en las parcelas de control. Además, como las larvas abren el camino a infecciones de hongos, el maíz de los cercados de exclusión tenía menos calidad y más toxinas derivadas de los hongos, y esas toxinas reducen el precio y llegan a impedir la comercialización del grano. En definitiva, los quirópteros garantizaban no solo la cantidad de maíz cosechada, sino también su calidad. Considerando la superficie plantada en el mundo, los autores estiman que el valor global de la aportación de los quirópteros al rendimiento de este cultivo supera los 1.000 millones de dólares.

Pero, naturalmente, los murciélagos no benefician solo a las plantaciones de maíz, sino también al algodón, la soja, numerosas hortalizas, etc. En España, el grupo de Carles Flaquer ha valorado la aportación al control de plagas de los pequeños murciélagos de Cabrera (*Pipistrellus pygmaeus*) en el delta del Ebro, donde el principal enemigo de los arroceros es la larva de una polilla conocida como gusano barrenador rayado, que perfora los tallos y hojas de las plantas (se estima que las orugas de tres especies de polilla, entre ellas esta, causan la destrucción anual de 10 millones de toneladas de arroz en el mundo). En la isla de Buda del delta, Flaquer y su grupo habían instalado hace años cajas anidaderas, consiguiendo que la población de murciélagos de Cabrera, solo en los nidales, se disparara hasta los 3.500 ejemplares. En estas urnas podían recoger excrementos, que tras ser analizados genéticamente mostraron que los inquilinos consumían con alta frecuencia polillas del barrenador. Además, los murciélagos visitaban los arrozales con más frecuencia cuantas más polillas había, y los agricultores habían detectado una disminución de los daños donde se habían instalado cajas refugio y los murciélagos abundaban. De sus cálculos dedujeron que una densidad de 9 a 16 quirópteros por hectárea bastaría para que no mereciera la pena fumigar con pesticidas, y una densidad de 42 a 67 para que fueran innecesarios otros tratamientos. Como la principal limitación para la población de estos murciélagos en el área es la escasez de refugios, la pregunta es inmediata: ¿por qué no apostar aún más por las cajas para murciélagos y ahorrar dinero en insecticidas?

Por si controlar plagas fuera poca ayuda, los murciélagos rizan el rizo devolviendo con sus restos un magnífico abono, la murcielaguina. El guano de los murciélagos se acumula en grandes cantidades en las cuevas donde habitan colonias densas, y ha sido cosechado durante siglos por sus propiedades como fertilizante y para mejorar la estructura del suelo. Se cuenta que en el siglo XIX, en Estados Unidos, se llegaba a pagar con tierras a los descubridores de depósitos ricos en murcielaguina. Los excrementos de los murciélagos contienen alrededor del 10 % de nitrógeno, el 3 % de fósforo y el 1 % de potasio, así como numerosos micronutrientes necesarios para las plantas. Además, permanecen en el suelo mucho más tiempo que otros abonos, e incluyen microbios que facilitan la descomposición de los residuos y reducen algunos hongos y nematodos lesivos para los vegetales. En la actualidad, muchas empresas de jardinería ofrecen en su catálogo guano de murciélago, en polvo o licuado, especialmente orientado a cultivos ecológicos y de primor (¡hay quien dice que no hay mejor aditivo para hacer crecer la marihuana!).

De todos modos, empecé confesando que pensaba titular el capítulo «Gracias a las arañas». Y es que, como adelanté, ni mucho menos son los murciélagos los únicos que controlan plagas o evitan que aparezcan. Lo hacen también muchos otros organismos en su condición de parásitos o depredadores, desde microbios a hongos, insectos, arañas, peces, sapos y ranas, lagartijas, aves y mamíferos. Numerosos insectos, por ejemplo, son grandes depredadores (caso de las conocidas mariquitas), y no pocos se utilizan en la lucha biológica, es decir, se liberan específicamente para controlar determinadas plagas. Me referiré poco a ellos, aunque merecerían más espacio, pero sí voy a dedicar alguna atención a los insectos parasitoides, que no son verdaderos parásitos ni tampoco depredadores, sino algo intermedio y, a ojos humanos, particularmente cruel.

Los parasitoides matan a sus víctimas, algo que los parásitos en sentido estricto no suelen hacer, pero se diferencian de los verdaderos depredadores en que generalmente sacrifican en su ciclo vital a un solo individuo, comiéndolo poco a poco, aún vivo, hasta acabar matándolo. En su etapa adulta, un insecto parasitoide puede explotar diferentes tipos de alimento; muchos son fitófagos, pero también los hay depredadores. Lo que los convierte en parasitoides es el hecho de poner sus huevos sobre, o dentro de, otro ser vivo, a costa del cual crecerán las larvas. Existen decenas de miles de especies de parasitoides pertenecientes a diferentes órdenes de insectos, pero la mayoría son pequeñas avispas de apenas medio centímetro. Algunas de ellas paralizan a una araña picándola y ponen sus huevos sobre ella; las larvas irán comiendo de la araña viva sin llegar a matarla, respetando sus órganos vitales, hasta que finalmente acaben con ella y emerjan. Otras ponen sobre las orugas, o sobre las pupas, o sobre los huevos, de distintas especies (por ejemplo, las avispas evánidas ubican sus larvas en las puestas, llamadas ootecas, de las cucarachas).

Los parasitoides son muy estrictos escogiendo hospedador, de manera que resultan de gran utilidad en la lucha biológica contra insectos plaga. Imaginar a una oruga comida viva desde dentro, que al morir alumbra repentinamente una avispa adulta, suena ciertamente a película de terror. A Darwin le parecía una forma de vida tan perversa e innecesaria que le hacía dudar de la existencia de Dios; en 1860 escribió al botánico americano Asa Gray: «No puedo admitir que un Dios bondadoso y omnipotente haya creado deliberadamente a las avispas Ichneumonidae con la intención expresa de que se alimenten dentro de los cuerpos vivos de las orugas».

Volviendo a las arañas, suelen caer mal, dar miedo. Si uno habla de *arañas* y *control*, apenas nadie pensará en lo que ellas pueden controlar, sino en cómo controlarlas (de hecho, hay muchos anuncios en la red para eliminar las arañas «de las casas y los jardines»). Sin embargo, se conoce desde hace tiempo que tienen un efecto beneficioso. Existen unas 40.000 especies de arañas, entre las cuales algunas construyen telarañas (de distintos tipos) y capturan con ellas a sus presas, mientras que otras cazan al acecho o al salto, reservando la seda que producen para desplazarse (dejándose llevar por el viento) o para forrar sus nidos, como hacen las tarántulas. Algunas, incluso, devoran cada noche su propia tela con todos los insectos adheridos a ella, y construyen cada mañana otra nueva. Además, unas cazan en el aire, otras en el suelo y otras en las ramas, unas lo hacen de día y otras de noche... Con sistemas, cazaderos y horarios tan variados, la gama de presas de las arañas es muy amplia: saltamontes, grillos, moscas y mosquitos, escarabajos, polillas, avispas y abejas, cucarachas, otras arañas, cochinillas e incluso, en algunos casos, pequeños peces, ranas, aves y ratones. En Kenia, hace unos años, se detectó, merced a cuidadosos experimentos, que la araña saltadora *Evarcha*, cuando puede elegir, selecciona como presa a los mosquitos del género *Anopheles* que están cargados de sangre, es decir, a los habituales vectores del paludismo.

Con tanta diversidad, el potencial de las arañas para controlar las poblaciones de sus capturas es muy amplio. En el laboratorio, tres especies de arañas reducían entre un 34% y un 58% la abundancia de pulgones en el trigo de invierno. También en condiciones controladas, científicos de Israel colocaron huevos a punto de eclosionar de una polilla conocida como rosquilla negra, cuyas larvas producen daños en numerosos cultivos, en diez ramas de manzano; en cinco de ellas añadieron una araña hambrienta, que nada más nacer las orugas comenzó a devorarlas y provocó el pánico, y la consiguiente huida, de las que lograban escapar; al poco tiempo la población de orugas había disminuido un 98% en las ramas con araña respecto a las que no la tenían. En el campo, numerosos estudios han eliminado experimentalmente las arañas de huertos y frutales, y en todos los casos los daños por plagas han aumentado como resultado. Revisiones clásicas apuntan a que una buena combinación de especies de arañas produce beneficios constatables en los cultivos.

Recientemente, investigadores andaluces han recomendado la disposición de setos vegetales donde puedan instalarse arañas en los invernaderos almerienses, pues ello redundaría en una disminución de los daños por la mosca blanca y la arañuela o trips de las flores. Este trabajo, por cierto, nos ayuda a recordar otra evidencia: además de conservar a los animales que controlan las plagas es necesario cuidar sus hábitats, pues de otra manera no podrán vivir. Por eso los extensos monocultivos son terreno abonado para la aparición de pestes.

Los pequeños peces de agua dulce llamados gambusias (*Gambusia affinis*) han sido introducidos en todo el mundo, y también en España, por su voraz persecución de las larvas de mosquitos. En los arrozales del Nepal se ha comprobado que las ranas reducen las poblaciones tanto de insectos plaga en el arroz como de insectos vectores de enfermedades. El sapo gigante o sapo marino (*Rhinella marina*) de Sudamérica fue llevado a Australia (con catastróficas consecuencias, pues devastó la fauna local) por sus habilidades para luchar contra el escarabajo de la caña de azúcar. Estudios en Sudáfrica sugieren que las serpientes tienen unas capacidades funcionales únicas y su extirpación podría tener consecuencias muy graves en las comunidades de vertebrados. Es bien conocido que la erradicación de grandes predadores, como lobos y osos, se ha traducido con no poca frecuencia en un crecimiento desmesurado de las poblaciones de ungulados (algo de eso constatamos actualmente en España con los jabalíes). Y a nadie se le oculta que domesticamos los gatos porque ayudaban a regular las plagas de ratones.

Como ya dije, el servicio de regulación afecta, más allá de las posibles plagas agrícolas, a todas las especies en todos los ecosistemas. He contado a menudo la historia de la nutria marina (*Enhydra lutris*), los erizos de mar y los bosques de algas gigantes (el *kelp*) en California. Me gusta por las nutrias en sí mismas, de las que disfruté en 1985 con motivo de un congreso en la Universidad de Santa Cruz (bahía de Monterrey), y también porque revela la complejidad de las interacciones ecológicas y contiene un mensaje de humildad para cuantos nos dedicamos a estudiar la naturaleza. Las nutrias marinas son animales encantadores, de entre 20 y 30 kilos de peso, con un pelo largo y espeso que las asemeja a un enorme peluche y con vistosos bigotes. Viven en grupos, pasan casi todo su tiempo en el agua, y cuando capturan un caracol o un erizo de mar se dan la vuelta *haciendo la plancha*, lo colocan sobre la barriga a modo de mesa, y lo comen tranquilamente. Presentes en las costas asiáticas y americanas del norte del océano Pacífico, fueron perseguidas casi hasta la extinción por el valor de su piel en los siglos XVIII y XIX. Los historiadores han calculado que pudieron matarse un millón de nutrias marinas en dos siglos. Cuando Estados Unidos, Japón, Rusia y Canadá (entonces británica) firmaron en 1911 una moratoria impidiendo la caza de la especie probablemente no quedaban arriba de 2.000 ejemplares en el globo, y se vaticinaba un futuro negro para ellas. Sin embargo, no fue así. La recuperación a lo largo del siglo XX les ha permitido recolonizar (con alguna ayuda en forma de translocaciones) dos terceras partes de su antigua área de distribución, en lo que se tiene por uno de los éxitos más notables en la historia de la conservación activa. Lo curioso es que cuando los naturalistas expertos (y aquí viene lo del baño de humildad) analizaban si la nutria marina podría recolonizar determinadas franjas costeras solían dar una respuesta negativa, porque el hábitat no parecía favorable: las nutrias precisaban —decían— zonas con algas gigantes, y allí no las había. Más tarde resultó que las nutrias no solo llegaban, sino que en los sitios desnudos se reproducían con mayor éxito que en sus territorios de origen... Y además, al poco tiempo, esas zonas se cubrían de algas. ¡Resultó que las nutrias marinas no se adaptaban a un hábitat preexistente, sino que lo construían al llegar! ¿De qué manera? Básicamente, controlando la población de erizos de mar. Cuando, y donde, no había nutrias, los erizos (y también algunos grandes moluscos) eran tan abundantes que no dejaban crecer las algas, se las comían desde la misma raíz, así que el mar parecía yermo, sin vegetación. Al llegar, las nutrias encontraban lugares repletos de comida y se multiplicaban con rapidez, reduciendo entonces las poblaciones de presas y permitiendo medrar a las algas. Los erizos, orejas de mar y caracolas disminuían (para disgusto de los pescadores, todo hay que decirlo), pero los peces aumentaban, amparados por la vegetación. Una sola especie, la nutria marina, cambiaba todo el ecosistema limitando las poblaciones de sus presas, de ahí que se le considere una *especie clave*.

De todos modos, los controladores de plagas más reconocidos son las aves. Quien haya seguido de cerca la crianza de un pájaro insectívoro, por haber vigilado alguna caja anidadera, o simplemente por haber encontrado un nido en su jardín, sabe del incesante tráfico de los adultos alimentando a los pollos, que puede llegar a agobiar. Ahora hay menos pájaros en todas partes, y también en Sedano (Burgos), donde tenemos una casa familiar, así que desde hace años apenas vemos durante el verano a los agateadores, que antes criaban regularmente tras una chapa de madera en la caseta de la piscina. En otros tiempos, cuando se reproducían, entraban confiados al nido apenas a un par de metros de nosotros, y lo hacían sin parar, casi cada minuto. Los veíamos y nos costaba creerlo: «¿Pero dónde encuentran tantas arañas, gorgojos, escarabajos, cortatijeras, pequeñas orugas? Si no fuera por ellos, ¡nos invadirían los bichos!». El caso es que los agateadores encontraban qué comer, y no solo ellos, sino los miles y miles de aves insectívoras que se reproducen entre nosotros. En un estudio publicado en 2002 que se ha vuelto clásico, los holandeses Christel Mols y Marcel Visser impidieron mediante redes de plástico el acceso de aves, singularmente el carbonero común (*Parus major*), a unas decenas de manzanos en un huerto experimental, permitiendo el acceso libre a otros árboles. Dejando aparte algunos matices sobre el número de orugas y el momento del año en que generaban más daños, cada pie sin pájaros produjo en promedio 4,65 kilos de frutos, mientras que los abiertos a las aves producían 7,76 kilos. En un estudio posterior en plantaciones comerciales de manzanos con y sin cajas anidaderas para carboneros, los mismos autores han demostrado que en las parcelas con pájaros reproductores la proporción de manzanas dañadas por gusanos se reducía a la mitad.

Hay muchísimos más ejemplos. Una pareja de las familiares golondrinas (*Hirundo rustica*) consume diariamente 1.700 moscas y mosquitos, así que tanto ellas como los vencejos (*Apus* spp.) y los aviones o golondrinas urbanas (*Delichon urbicum*) son buenos aliados para combatir los mosquitos en las zonas de veraneo, aunque a menudo les paguemos destruyendo sus nidos. En el norte de Italia, las abubillas (*Upupa epops*) fueron capaces de consumir alrededor del 70 % de las pupas de procesionaria del pino enterradas en el suelo. Dos especies de pájaros carpinteros del género *Dendrocopos* eliminaron más del 50 % de las larvas de polilla del manzano que habían sobrevivido al invierno. Especialmente debatido ha sido el papel de las aves de presa nocturnas, singularmente la lechuza común (*Tyto alba*), mitigando las plagas de roedores. En España es especialmente interesante el trabajo que están desarrollando los conservacionistas de GREFA (Grupo de Rehabilitación de la Fauna Autóctona y su Hábitat), junto con el grupo de investigación de Juancho

Luque, de la Universidad de Valladolid en la sede de Palencia, en relación con las plagas de topillos que periódicamente asolan Castilla y León.

Desde que colonizaran la meseta del Duero favorecidos por la expansión de los regadíos, allá por los años setenta y ochenta del siglo pasado, los topillos campesinos (*Microtus arvalis*) experimentan notables altibajos cíclicos de sus poblaciones, originando más o menos cada cinco años plagas que pueden llegar a ser muy dolosas para la agricultura (en el pico de 2007, el Gobierno de Castilla y León gastó 15 millones de euros en el control de los roedores, y pagó 9 millones a los agricultores como compensación por los daños sufridos). La respuesta más frecuente ha sido el uso a gran escala de venenos anticoagulantes, que con frecuencia han afectado a liebres, palomas y perdices, cuando no, claro está, a los propios enemigos de los topillos, muchos de ellos protegidos. En 2009 los investigadores seleccionaron seis parcelas de 2.000 hectáreas en zonas seriamente afectadas por los topillos en 2007, y en tres de ellas colocaron 300 postes con cajas anidaderas para lechuzas y cernícalos comunes (*Falco tinnunculus*), dejando sin postes y cajas las otras tres. En las parcelas con cajas nido hubo significativamente más cernícalos reproductores (y también más lechuzas, pero de forma menos evidente), y en invierno más busardos ratoneros (*Buteo buteo*), que utilizaban los postes como perchas desde donde cazar, que en las parcelas sin ellas, especialmente durante un pequeño pico de topillos en 2011 y otro mayor en 2013-2014. También, en los campos con rapaces la abundancia de roedores era menor o más estable en 2011, pero no pudo probarse un efecto en el máximo de la plaga en 2014. Concluyeron que cernícalos, lechuzas y sin duda otras especies podían reducir localmente la densidad de topillos en la fase de crecimiento de las poblaciones, pero a la escala espacial seleccionada no habían conseguido evitar su explosión demográfica (si no se limita el aumento de topillos fuera de las parcelas, la plaga acaba afectando a estas). Los resultados fueron lo suficientemente alentadores como para que en 2019 el Gobierno regional haya optado por no quemar cunetas ni colocar veneno, sino facilitar la instalación de miles de cajas anidaderas en las que puedan reproducirse las aves de presa.

El ejemplo de los topillos castellanoleoneses nos ilustra sobre lo que está ocurriendo, en general, con el control de plagas en el mundo: usando pesticidas no conseguimos erradicar a los animales problema sino que, por el contrario, eliminamos a los que previamente los controlaban, empeorando la situación. Los anticoagulantes matarán muchos topillos, pero no todos, y envenenando a las lechuzas y comadrejas que se los comen provocaremos que el siguiente pico de la plaga sea más alto. Resulta todavía más claro en el caso de los insectos, ya que aquellos que comen plantas (y pueden volverse plaga) están *entrenados* evolutivamente para generar resistencia a los tóxicos que desde tiempo inmemorial han usado las plantas para defenderse. En cambio, los insectos depredadores de otros insectos, las arañas, los murciélagos o los pájaros carecen de esa habilidad y mueren envenenados. Las viejas plagas se refuerzan (generando resistencia) y aparecen otras nuevas (al haber desaparecido los enemigos que las controlaban) cuando se abusa de los pesticidas. Dicho de otra forma: a corto o medio plazo, los plaguicidas fabrican plagas. No es una exageración: en un informe de los ochenta del siglo xx, el National Research Council de Estados Unidos decía que 24 de las 25 plagas más relevantes en California en aquel momento habían sido creadas por el uso de pesticidas. La consecuencia es que, a nivel mundial, los daños de las plagas no han disminuido, y en cambio el gasto en químicos para controlarlas no cesa de aumentar, en una dinámica insostenible. Un cambio en la manera de hacer las cosas es imprescindible, y la Organización de las Naciones Unidas para la Agricultura y la Alimentación (FAO) lo promueve a través del llamado «control integrado de plagas», que busca limitar los daños evitando las acciones más agresivas (como el uso de químicos) y apoyándose en soluciones naturales de raíz biológica (que incluyen la conservación de depredadores y sus hábitats). Ya saben, cuando vean un murciélago no piensen tanto en los virus, sino en que los libra de mosquitos y les ayuda a comer.

9

GRACIAS A LOS OSTIONES Y LAS OSTRAS

(que depuran el agua y protegen la costa...)

«En el pueblo se cuenta la historia de la gran perla, de cómo fue encontrada y de cómo volvió a perderse. Se habla de Kino, el pescador, y de su esposa, Juana, y del bebé, Coyotito...» Así comienza Steinbeck la bellísima y triste historia de *La perla*, ambientada en la costa del mar de Cortés mexicano comenzado el siglo XX. A Coyotito le había picado un escorpión y el médico le niega su auxilio porque los padres no tenían con qué pagar. La única esperanza de Kino y Juana era conseguir una buena perla, y Kino, como tantos y tantos otros días, desciende a pulmón a las profundidades, en donde «podía permanecer más de dos minutos sin esfuerzo», para arrancar ostras del fondo pedregoso. «Ése era el lecho que había llevado al Rey de España a ser un gran poder en Europa en años lejanos, le había ayudado a pagar sus guerras y había decorado las iglesias para beneficio de su alma», leemos a Steinbeck. Kino consigue la gran perla, «perfecta como la luna [...], la perla más grande del mundo». En aquel momento feliz, él y Juana debieron de sentirse agradecidos a las madreperlas, nombre que allí daban a la especie más fina de ostra perlera.

Ostiones, ostras y almejas, mejillones y navajas son moluscos bivalvos. También son moluscos, aunque pertenecientes a otros grupos, los caracoles, las liebres de mar, las babosas y las lapas (gasterópodos), por un lado, y los pulpos, sepias y calamares (cefalópodos), por otro. Existen unas 90.000 especies de moluscos, de las que aproximadamente 15.000 son bivalvos, 72.000 gasterópodos y 1.000 cefalópodos. Desde siempre, los moluscos han atraído a la humanidad como alimento y también, en el caso de los que poseen una concha resistente, como fuente de ornamentos. Todos los bivalvos tienen concha (su nombre hace alusión a las dos valvas, o conchas, que los protegen) y, junto con los caracoles, se han valorado como sustento y como adorno desde la prehistoria.

Hace años gozó de alguna popularidad la *hipótesis del simio acuático*, que postulaba que los humanos habíamos evolucionado de un primate que pasaba la mitad de su tiempo en el agua. Eso explicaría, se decía, nuestra carencia de pelo, o la elevada proporción de grasa en el cuerpo, así como la facilidad para nadar, incluso desde bebés, y el gusto por los pescados y mariscos. Aquella idea está totalmente desacreditada, pero algunos investigadores piensan que la ingestión de ácidos grasos específicos (en particular el llamado DHA, de tipo omega-3) a través, en gran medida, del consumo de bivalvos, fue trascendental durante la evolución del cerebro humano. El arqueólogo Curtis Marean, que ha trabajado en un promontorio denominado Pinnacle Point en Sudáfrica, identifica un periodo glacial, entre 123.000 y 195.000 años atrás, donde los humanos dejaron de alimentarse de animales y plantas del interior y se centraron en el marisqueo costero, aprovechando la dinámica de las mareas. «El acceso a la cadena alimentaria marina podría haber tenido un gran impacto en la fertilidad, la supervivencia y la salud en general, incluida la salud del cerebro», afirma el experto. En esta línea, el fisiólogo Michael Crawford ha realizado experimentos con ácidos grasos marcados isotópicamente y ha podido demostrar que los procedentes de mariscos se incorporan al cerebro de las ratas de laboratorio con mucha mayor eficiencia que los obtenidos de vegetales. Coincide con otros estudiosos, como Stephen Cunnane, en que los alimentos de origen acuático han tenido un papel clave en la formación de nuestro cerebro (no solo por los ácidos grasos, sino también por otros nutrientes esenciales como el yodo, el zinc y el selenio), pero piensa que nuestros antecesores pudieron obtener estos productos, a lo largo de millones de años, de moluscos y peces de lagos y ríos. Cunnane, de todos modos, concluye: «Una vez que los humanos pudimos acceder a la cadena alimentaria costera en África, mucho más rica y predecible que las fuentes continentales de peces, el cerebro y la evolución cultural explotaron». En definitiva, tal vez somos humanos por una dieta que incluía ostras y almejas.

No cabe duda de que los moluscos, muy nutritivos y fáciles de obtener, tuvieron un papel relevante en el sustento del hombre prehistórico. El médico sueco Rempo Kuipers comparó tres tipos de dietas: la de los cazadores recolectores paleolíticos en África Oriental (a partir de yacimientos arqueológicos), la de los habitantes actuales de la misma zona y la de los ciudadanos occidentales. Su conclusión fue que los africanos orientales, antes y ahora, consumían menos hidratos de carbono y ácido linoleico (del grupo omega-6) que los humanos occidentales de hoy, pero más proteínas y ácidos grasos de origen acuático (del grupo omega-3), sugiriendo que estas diferencias podrían tener algo que ver con algunas enfermedades muy extendidas en el siglo XXI (cardiovasculares, diabetes, algunos tipos de cáncer...).

Si siempre se han comido los mariscos, su consumo en el mundo parece estar aumentando, al menos en lo que hace a los bivalvos. Ello incluye desde las generalmente muy apreciadas ostras a los más modestos ostiones (cuyo nombre, según la RAE, deriva de ostrón) y los populares mejillones, pasando por almejas, coquinas, navajas, etc. Entre 1995 y 2015 la cantidad de bivalvos aportada anualmente a los mercados mundiales creció desde 5 a 16 millones de toneladas, representando aproximadamente el 14% de la producción marina. La pesca directa de bivalvos silvestres ha permanecido relativamente estable desde hace cincuenta años, en algo menos de dos millones de toneladas por año, pero la producción en cultivos marinos ha aumentado incesantemente, sobre todo en China, desde poco más de un millón de toneladas en 1970 a casi 14 millones de toneladas en 2015. Hoy, nueve de cada diez ejemplares degustados en el mundo se producen en granjas marinas. Una revisión reciente estima que en Europa se cultivan unas 610.000 toneladas de bivalvos por año, incluyendo las 228.000 toneladas de mejillones de las bateas españolas y las 125.000 toneladas de ostras cultivadas en Francia. El valor de mercado directo de los bivalvos para consumo humano se ha estimado en unos 23.000 millones de dólares por año, que aumentaría mucho si consideráramos los ingresos por productos y servicios asociados (embalaje y conservación, transporte, restauración, etc.).

De cualquier modo, absolutamente todo lo que comemos cada uno de los 8.000 millones de pobladores de la Tierra, sea silvestre o cultivado, depende de la biodiversidad, y desde el comienzo del libro dejé claro que no era mi intención agradecerle a la vida, precisamente aquí, aportaciones demasiado evidentes. También lo es, pero no me resisto a comentarlo, la utilización de los bivalvos con fines ornamentales.

Mi hermano Germán, arqueólogo, me ha contado a menudo que encuentran conchas y caracoles marinos, utilizados en su día como cuentas de collares y brazaletes, en yacimientos paleolíticos situados a cientos de kilómetros de la costa. En algunos dólmenes del propio Sedano (Burgos), el pueblo donde pasamos la infancia desde niños, han hallado conchas procedentes del Cantábrico, distante unos cien kilómetros, pero también otras del Mediterráneo, que está a no menos de quinientos. El libro clásico sobre el tema es del francés Taborin, me dice, quien en la Dordoña (suroeste de Francia) encontró como ornamentos humanos tanto conchas recientes como fósiles, en particular pequeños caracoles del género *Turritella* del Mioceno. Sin duda, estos objetos eran preciosos para los humanos prehistóricos, que debían de intercambiarlos por otros productos y guardarlos celosamente (como ha sucedido con el pequeño caracol cauri, *Monetaria moneta*, cuyo nombre científico alude a su uso como moneda en gran parte de las costas del océano Índico hasta el siglo XIX).

El anhelo por adornarse a uno mismo se ha considerado siempre un indicador de consciencia, y con ella de capacidad simbólica, apreciación estética y lenguaje. Todo ello parecía exclusivo de nuestra especie, tras haber surgido en la llamada Revolución del Paleolítico superior, hace unos 40.000 años. Así que cuando en los últimos decenios comenzaron a describirse adornos personales asociados a yacimientos de los humanos de Neandertal, ya desaparecidos, los estudiosos más ortodoxos dudaron. Probablemente, decían, aquellos neandertales habían coexistido con humanos modernos y, de alguna forma, se habían hecho con sus joyas o, todo lo más, las habían copiado sin saber muy bien lo que hacían. Esa interpretación se dio a una serie de conchas marinas perforadas, a modo de cuentas de collar, que encontró un equipo dirigido João Zilhão en la cueva de los Aviones, cercana a Cartagena. Era un yacimiento neandertal y las conchas conservaban restos de pintura roja y amarilla, pero como se habían datado entre 45.000 y 50.000 años atrás, la coexistencia con humanos modernos, aunque improbable, era posible. Recientemente, sin embargo, los mismos autores han publicado en *Science* una rectificación: los hallazgos se encontraron bajo una capa de calcita que, datada con nuevas técnicas, ha revelado tener 115.000 años de antigüedad. Las conchas del collar de la cueva de los Aviones, por tanto, son las joyas más antiguas conocidas en el mundo, y no las portaron humanos de nuestra especie.

Mas, hablando de joyas, retornemos al ambiente de *La perla* de Steinbeck. En el otoño de 2011, un pequeño grupo de amigos y parientes recorrimos más de cien kilómetros en piragua a lo largo de la costa del mar de Cortés, en Baja California Sur. Fue inolvidable. Cenábamos lo que habíamos pescado, dormíamos en las playas, nos bañábamos en el mar... Bordeamos islas repletas de aves, vimos saltar a las mantarrayas, nadamos con lobos marinos y tiburones ballena, levantamos peces voladores desde nuestros kayaks, nos refrescamos en oasis llenos de verdor, probamos la dureza del desierto, interpretamos pinturas rupestres, saludamos a pescadores de tiburón en minúsculos poblados y visitamos abandonadas misiones jesuíticas ocupadas por murciélagos. Nuestro recorrido desde Loreto, pasando por Agua Verde, Timbabichi y El Mechudo, hasta Punta Coyote, al norte de La Paz, con una visita previa a la isla Espíritu Santo, coincidió en gran medida con la ruta de las perlas. Así que los taludes de las playas donde acampábamos estaban cubiertos por enormes concheros, restos de la centenaria actividad de los pescadores de ostras.

Desde antes de la conquista, los nativos habían explotado las perlas y el nácar de la madreperla (*Pinctada mazatlanica*), más apreciada, y la concha nácar (*Pteria sterna*), que tiene forma de oreja. Ambas especies forman parte de la familia de las Pteridae u ostras perlíferas, habitantes de lagunas costeras, bahías y esteros, al abrigo de las fuertes corrientes, en aguas tropicales y subtropicales, y diferentes de las ostras comestibles, de la familia Ostreidae. En la veintena escasa de especies de la familia Pteridae, el interior de las conchas está revestido por finas capas de nácar, una forma cristalizada de carbonato cálcico (sobre todo) atrapado en una matriz orgánica de conchiolina, que al recibir la luz emite hermosos brillos e irisaciones (el llamado *oriente* de las perlas). La perfección de los cristales determina la belleza del oriente, y este, junto con el tamaño, la forma y el color, asignan a las perlas su valor. Una perla que ha perdido su oriente se tilda de *perla muerta*, no sirve. ¿Cómo se forma una perla? Los poetas antiguos decían que eran gotas de rocío que penetraban en la concha del molusco en noches de luna llena. Para otros serían lágrimas de náyades o de sirenas enamoradas, que las ostras custodiaban como tesoros. Resulta bonito imaginarlo, pero la realidad es más prosaica. Al ser animales filtradores (más tarde volveremos a eso), las ostras toman productos del exterior, se quedan con los útiles (su alimento) y desdeñan el resto. Pero eventualmente ocurre que alguna partícula dura (una piedrecita, un grueso grano de arena, un trozo de concha), o tal vez un parásito, se aloja en el interior de las valvas. Si la ostra no consigue expulsarlo, lo envuelve poco a poco en nácar, a modo de quiste, para evitar la irritación que le ocasiona. A veces, este quiste se genera adherido al nácar de la concha (será una *media perla*) y otras permanece libre en el cuerpo del animal. En la naturaleza, la formación de una perla requiere años y es siempre poco habitual. El periodista mexicano Fernando Jordán, que visitó las flotas o armadas perleras de Baja California en 1951, escribió: «Una perlita pequeña pide mil o dos mil conchas; una mayor, 50 mil; una buena perla de 100 mil a 300 mil; una perla muy buena cerca de un millón de conchas; y una perla de 52 quilates, como aquélla que luce la Corona británica, parece que necesita un minuto de suerte en un lapso de tres siglos de pesca continua» (la tal perla de 52 quilates, «de un fantástico oriente», habría llegado desde Baja California a la Corona de España y pasado después, por causas ignoradas, a la realeza del Reino Unido).

Los investigadores Micheline Cariño y Mario Monteforte han contado en un libro y varios artículos la historia de la explotación de perlas en el mundo, subtitulándolo «De la sobreexplotación a la sustentabilidad». En algunas regiones como el golfo Pérsico y el mar Rojo, las ostras han sido pescadas intensivamente, con el fin de obtener las famosas *perlas de Oriente*, desde hace más de dos mil años. Plinio mencionaba las proximidades de Baréin como emporio del comercio perlero, y el país ha seguido viviendo principalmente de las perlas hasta entrado el siglo XX, cuando comenzó a hacerlo del petróleo. En América, la extracción intensiva comenzó tras la conquista. Los españoles advirtieron la belleza de las perlas y ornamentos nacarados que portaban los indígenas del Caribe, y a partir de entonces, y hasta el descubrimiento de las minas de oro y plata, que fue posterior, la búsqueda de ostras perleras fue el principal motor de la expansión europea en el Nuevo Mundo.

Los bajacalifornianos pescaban las ostras para comer, pero se adornaban con perlas cuando las encontraban. Hernán Cortés oyó hablar de los placeres (o yacimientos) perlíferos del mar del Sur (como entonces nombraban al Pacífico) y viajó en persona a la región, que consideraba una isla, en 1535. Tomó posesión para la Corona de España y estableció en la actual bahía de La Paz una pequeña población que llamó Puerto y Bahía de la Santa Cruz. Pero el clima era muy duro, los indígenas, nómadas, apenas tenían nada que ofrecer, y aquel primer intento de establecerse en la zona fracasó. A partir de entonces, durante ciento setenta años se sucedieron las expediciones a la península, siempre con el objetivo en mente de conseguir perlas. Desde 1586 la Corona española decretó la propiedad de los placeres perleros, que solo podían explorarse (y explotarse) con una licencia y tributando el quinto de las perlas conseguidas. Todo el siglo XVII se conoce en la historiografía regional como «el siglo de los buscadores de perlas», lo que no significa que los susodichos tuvieran éxito: fracasaron en los intentos de fundar una colonia estable y el rendimiento de la pesca, que realizaban a pulmón buceadores indígenas, fue inconstante, alternándose algunos éxitos con sonoros fracasos. Desde 1697 hasta 1788, durante la ocupación de la península por los jesuitas, las armadas perleras se prohibieron para evitar los trabajos forzados a que sometían a la población local.

En 1830 se produjo un cambio importante en la industria perlera de la Baja. Fue protagonizado por un francés de apellido Combier, quien juzgó interesante lastrar su barco con toneladas de conchas de madreperlas abandonadas en las playas para comerciar con ellas en Europa. Tuvo éxito, el nácar empezó a utilizarse en marquetería fina, joyería y para fabricar botones, y a partir de entonces las armadas empezaron a conservar las conchas que antes desechaban. De este modo, la presión sobre el recurso se redujo y la rentabilidad de la pesca fue más predecible. El comercio del nácar y las perlas, dicen Cariño y Monteforte, se convirtió en la principal actividad económica del puerto de La Paz. 1874 trajo otra novedad, muy rentable a medio plazo pero con catastróficas consecuencias a largo: la introducción de la escafandra y el buceo mecánico, proporcionando oxígeno desde el exterior. Como requería cuantiosas inversiones en material, se formaron compañías capitalistas que obtenían concesiones del Gobierno. Ello representó «el clímax del extractivismo de las minas marinas del Golfo de California» y «generó grandes fortunas». A finales del siglo XIX la pesca de ostras era prácticamente un monopolio de la Mangara, compañía de capital británico, cuyo contrato fue rescindido por sus continuados abusos en 1912. Pero antes, un tecnólogo sudcaliforniano de origen francés, Gastón J. Vives, que conoció en Francia el cultivo de ostras y mejillones comestibles, había puesto en marcha en la isla de Espíritu Santo, ajena a la concesión de la Mangara, la primera explotación exitosa de perlicultura a escala industrial del mundo.

Restos de la granja de Vives aún pueden verse en la isla. La empresa duró solamente once años, pero en ese plazo fue la mayor fuente de empleo de La Paz, llegó a cultivar diez millones de madreperlas, envió a París toneladas de nácar y cientos de perlas extraordinarias, e hizo posible que el nombre de su creador figure hoy en letras de oro en la Academia Francesa de las Ciencias. En 1914 un coronel revolucionario envidioso del éxito de Vives, abusando de su poder, destruyó las instalaciones y a punto estuvo de acabar con el propio ingeniero, que escapó nadando hasta un barco estadounidense. La granja nunca reanudó su actividad y la riqueza perlera empezó a decaer. Muchas madreperlas murieron a partir de 1939 por el aumento de salinidad ligado al represamiento del río Colorado, en los Estados Unidos, pero para entonces el comercio de perlas silvestres apenas persistía, pues el recurso estaba agotado en casi todo el mundo y las perlas cultivadas (sobre un núcleo esférico grande) no se distinguían de las naturales. En los años cincuenta del siglo xx, cuando Jordán fue por allí, únicamente se explotaba la concha nácar, dado que los placeres de madreperla habían desaparecido. Cuando viajamos nosotros, a principios del siglo xxi, solo quedaban concheros, llamativas montañas de conchas recordando lo que una vez fue una febril actividad extractiva.

El colapso de las ostras, sean perlíferas o comestibles, ofrece una buena oportunidad para hacernos la pregunta tantas veces repetida a lo largo de este libro: ¿qué hemos perdido los humanos, a nivel de calidad de vida, al perderlas a ellas? O, de otra manera, ¿cómo nos estaban ayudando sin que nos diéramos cuenta? La inmensa mayoría de los bivalvos, ya sean ostras, ostiones, vieiras, almejas, mejillones, coquinas o navajas, se alimentan filtrando el agua del mar. La toman por un sifón de entrada, pasa por las branquias, que recogen las partículas alimenticias, y la devuelven al ambiente por un sifón exhalante. El material seleccionado (básicamente fitoplancton, pero también detritus cargados de bacterias y materia orgánica disuelta) se pega a los cilios branquiales, forma un bolo mucoso y es conducido hacia los palpos labiales, que lo introducen en la boca. A partir de ahí se lleva a cabo la digestión, aunque una parte de la materia colectada se expulsa en forma de biodepósitos mucosos compactos (o pseudoheces), que quedan disponibles para otros organismos del fondo (o los propios bivalvos más adelante). En realidad, cada almeja, cada ostra, es una diminuta depuradora: recoge agua del medio, retira materia orgánica y devuelve agua más limpia. Lo primero que notaron los pobladores costeros tras la pérdida a gran escala de las ostras es que la calidad del agua disminuía: aumentaba la turbidez, eran más frecuentes las proliferaciones masivas de microalgas (que cuando son tóxicas constituyen las mareas rojas), escaseaba el oxígeno... En la bahía de Chesapeake, entre los estados de Maryland y Virginia, en el este de los Estados Unidos, se ha estudiado y trabajado mucho sobre este asunto, no exento de polémica.

En un artículo publicado en 1988, el profesor Roger Newell, de la Universidad de Maryland (donde, no puedo evitar recordarlo mientras escribo, dio clase mi padre en un cuatrimestre de 1964), hizo ver las consecuencias ecológicas que podía haber originado en la bahía la enorme reducción de la densidad de ostiones americanos (*Crassostrea vir-*

ginica) a lo largo de un par de siglos. Que los ostiones del lugar eran escasos se sabía más que de sobra, pues se trata de una *delikatessen* muy popular en la comarca, y cada vez había que pagar más para conseguirlos, pero hablar de cambios en el ecosistema eran palabras mayores. Es cierto que las aguas mostraban evidentes signos de deterioro, con frecuentes episodios de anoxia (falta de oxígeno) en las zonas profundas durante el verano. Los expertos lo atribuían al exceso de nutrientes y el aumento consiguiente de los microorganismos que los consumían, que agotaban el oxígeno disuelto al respirar, así que las autoridades habían dictado en 1987 normas para minimizar los vertidos y reducir en un 40 % la contaminación orgánica. Newell, sin embargo, lo planteó de otro modo. Antes de que, a lo largo del siglo XIX, decía, se cosecharan de forma insostenible, los ostiones eran cien veces más numerosos en Chesapeake que al final del siglo XX (sin duda, las enfermedades y el aumento de la temperatura del agua también han influido en el declive). Y los ostiones, continuaba, son filtradores muy eficientes de las partículas en suspensión, orgánicas e inorgánicas, mayores de tres milésimas de milímetro. ¿Por qué no pensar que, mientras fueron abundantes, eran capaces de controlar la eutrofización de la bahía, y en 1980 ya no lo lograban? Hizo números y estimó que en verano las poblaciones de ostiones que había antes de 1870 podían depurar la totalidad del agua de la bahía en un lapso de entre tres y seis días, mientras que las pequeñas poblaciones supervivientes en 1988 precisaban para ello 325 días (un solo ejemplar llega a filtrar diariamente entre 120 y 200 litros de agua). Yendo un poquito más allá, calculó que si se mantuvieran en 1982 los ostiones que hubo en el siglo XIX, eliminarían entre el 23 % y el 41 % de la producción de fitoplancton, mientras que los que quedaban entonces excluían bastante menos del 1 %. Presuntamente, el exceso de fitoplancton de hoy es aprovechado por copépodos y microzooplancton, que a su vez serán pasto de otros animales como las medusas, ahora más frecuentes. Filtrando el agua, extrayendo partículas y reciclando nutrientes, los bivalvos cambian la composición y dinámica de los ecosistemas a que pertenecen.

Algunos colegas discutieron a Newell, basándose en las asunciones de sus cálculos y en el posible desacople espaciotemporal entre ostiones y fitoplancton, más que en el fondo de sus planteamientos. La mayoría, sin embargo, recibió sus ideas como un estímulo, en Chesapeake y más allá, para sumar los bancos de ostras y ostiones a los planes que ya existían para el aclarado y depuración de las aguas costeras. En general, desde 1994 los proyectos de recuperación de ostras en el este americano se apoyan en un cuidadoso control de la cosecha, el establecimiento de santuarios donde se prohíbe la pesca, la mejora de las condiciones en los bancos, a veces proporcionando materiales para que los animales jóvenes puedan establecerse, y el establecimiento de programas tendentes a favorecer la tolerancia (más que la resistencia) genética ante los parásitos que enferman y matan a los moluscos. Poco a poco, una nueva idea tomó fuerza: quizá no fuera tan negativo pescar ostras y comérselas, el problema era dejar el mar sin conchas donde otras ostras pudieran fijarse. Bajo esta premisa, una organización no gubernamental fraguó en Nueva York el proyecto «Mil millones de ostras», con el objetivo último de limpiar las aguas del puerto.

En el verano, cada animal adulto (las ostras pueden cambiar de sexo varias veces a lo largo de su vida) libera en el mar millones de gametos. La fertilización se produce en el agua, y al poco tiempo nacen larvas microscópicas de vida libre que pueden ser arrastradas por las aguas muy lejos de su lugar de procedencia. Cuando completan su desarrollo, estas larvas deben sujetarse a una roca u otro sustrato duro, sobre el que pasarán el resto de su vida. Muy pocas lo consiguen, y si no lo hacen, mueren. Por supuesto, las grandes conchas, vacías o llenas, son asiento favorito para la sujeción de los pequeños ostiones. Así que extrayendo durante cientos de años millones de moluscos de las aguas del puerto, no solo se había eliminado a esos animales, sino que se había privado también a las futuras larvas de lugares donde fijarse. Conchas de ostras llaman a otras ostras, podría ser el corolario. El plan en Nueva York era devolver al océano millones de conchas vacías, a veces con pequeñas ostras ya fijadas, para que sirvieran de firme a las nuevas generaciones. Con ese objeto se pidió a restaurantes y particulares que reciclaran voluntariamente las valvas de los animales consumidos. El proyecto tiene acuerdos con setenta restaurantes de la ciudad para que guarden las conchas en lugar de tirarlas a la basura. Periódicamente las recogen y transportan a la pequeña Governors Island, entre Manhattan y Brooklyn, donde durante más o menos un año se mantienen al aire libre para eliminar los residuos que pudieran contener. Luego se las envía a la New York Harbor School, situada en la misma isla, que está muy involucrada en el proyecto. Los técnicos y estudiantes de esta escuela de Biología Marina, que cultivan ostras, ayudan a fijar las larvas que producen en las conchas disponibles, que luego colocan en lugares previamente seleccionados (por el momento, doce arrecifes a distancias variables de la costa).

Porque los arrecifes son otro asunto. A finales de octubre de 2012 el huracán Sandy golpeó con fuerza la costa oriental norteamericana, donde produjo numerosos muertos. En Nueva York hubo que desalojar hospitales, cerrar el metro y el aeropuerto, inundados, y millones de personas se quedaron sin electricidad. Entonces los expertos aseguraron que si no se hubieran eliminado los arrecifes de ostiones y ostras, los daños habrían sido mucho menores. Como hemos contado, las ostras empiezan fijándose a una roca u otro sustrato duro, pero a partir de ahí se sujetan con el biso (esa especie de *raíces* filamentosas que conocemos de los mejillones) a otras ostras, formando acúmulos que llegan a resistir el impacto de las olas y constituían, en el siglo xviii, un grave riesgo para la navegación. Restaurar las poblaciones de ostras, por tanto, no solo limpiará las aguas, sino que también protegerá la costa (en Cádiz, donde tanto se ha utilizado históricamente la piedra ostionera —sin ir más lejos, en la catedral—, conocen muy bien la capacidad de los moluscos para formar acantilados rocosos).

El proyecto «Mil millones de ostras» se ha asociado a otra iniciativa llamada «Rompeolas vivos», que pretende crear dos kilómetros de arrecifes artificiales a lo largo de la costa neoyorquina de Staten Island. Lo lleva a cabo el estudio arquitectónico Scape, dirigido por Kate Orff, quien presentó sus ideas en 2010 en el Museo de Arte de Nueva York. A veces, ella bromea sobre si hace arquitectura u *ostritectura*. En 2013 Kate Orff recibió financiación para llevar a cabo la recuperación tras el paso de Sandy, en 2019 se aprobó el proyecto y desde 2021 están funcionando algunas instalaciones (que incluyen rompeolas, una playa restaurada, etc.). Sobre una base de hormigón y vidrio, Orff fomenta la instalación de ostras construyendo auténticas escolleras vivas, que reducen la erosión y ayudan a mitigar la subida del nivel del mar a consecuencia del calentamiento global. Además, esas estructuras limpian el agua y actúan como refugio para peces, cangrejos, estrellas de mar, ascidias y numerosas otras especies, enriqueciendo el ecosistema costero. En 2023 le ha sido concedido el V Obel Award Architecture Prize y el jurado ha dicho de su trabajo: «Se trata de un proyecto visionario que tiene la capacidad de inspirar e impactar positivamente en las costas vulnerables de todo el mundo».

Pero, hablando de rompeolas vivos, de protección de la costa y de diversidad de formas de vida, ¿cómo cerrar este capítulo sin mencionar a los corales? Si el término *ostritectura* tiene algún sentido, el de *coralitectura* lo tiene mucho más. Los corales no solo han construido rompientes y escollos, sino estructuras que superan los 2.000 kilómetros de longitud, como la Gran Barrera australiana, e incluso islas donde viven miles de personas (como las Maldivas, sin ir más lejos). Cuando en 1831 el joven Charles Darwin embarcó en el Beagle para su famoso viaje de exploración, marinos y viajeros conocían sobradamente los arrecifes coralinos, pero ignoraban cómo se formaban. Darwin había pensado sobre el asunto incluso antes de ver y estudiar alguno, lo que acaeció en Tahití. A su regreso a Inglaterra habló de los corales a la Sociedad Geológica en 1837, y cinco años más tarde publicó su primer libro científico, *La estructura y distribución de los arrecifes coralinos*. Apuntaba en él algo que sería una constante en su pensamiento y su obra: pequeños cambios persistentes pueden ocasionar enormes transformaciones dado el tiempo suficiente. Tras describir distintos tipos de arrecifes, explicó que se construían por millares de pequeños seres (pólipos de cuerpo blando) que segregaban a su alrededor un esqueleto externo de carbonato cálcico. Cuando unos pólipos morían, otros crecían sobre la base calcárea, amontonándose de tal forma que los animales vivos siempre estaban cerca de la superficie, pero el arrecife podía tener centenares de metros de profundidad. En el *Viaje de un naturalista alrededor del mundo* escribió: «Nos sentimos asombrados cuando los viajeros nos hablan de las enormes dimensiones de las pirámides y de otras grandes ruinas, pero hasta las más grandiosas de ellas son insignificantes cuando se las compara con estas montañas de piedra acumuladas por varias especies de diminutos y débiles animales». En 1881 un geólogo criticó la hipótesis de Darwin, y este, cercana ya su muerte, replicó sentencioso: «Solo espero que algún millonario testarudo encargue perforaciones en un atolón del Pacífico o el Índico para analizar las muestras». Setenta años más tarde unos geofísicos norteamericanos barrenaron hasta la base de un arrecife coralino, a 1.400 m de profundidad, y sus análisis confirmaron las interpretaciones de Darwin.

Los arrecifes de coral protegen la costa, y los manglares y lagunas costeras, del embate de las olas, hasta el punto de que muchas pequeñas islas no podrían ser habitadas si desaparecieran los arrecifes que las circundan. Pero, además, dan asiento a los ecosistemas más diversos y productivos del océano, no en vano han sido considerados como «selvas tropicales marinas». Para el espectador, doy fe, resultan más impresionantes que la propia selva. He pasado temporadas en la Amazonía, donde uno oye continuamente murmullos, gritos de pájaros o algarabía de monos, pero apenas ve nada, salvo la penumbra verde que lo inunda todo. Buceando entre corales en Cabo Pulmo (Baja California), sin embargo, es imposible contar cuántos peces diferentes pasan ante la vista de uno, cuántos tipos de estrellas de mar, o de crustáceos, o de esponjas y medusas. Los arrecifes de coral ocupan en todo el mundo una superficie no mucho mayor que la mitad de España, pero albergan hasta el 25 % de las especies marinas. Según estimó el Fondo Mundial para la Naturaleza (WWF) hace unos años, un kilómetro cuadrado de arrecife, bien gestionado, podría aportar anualmente hasta 15 toneladas de peces y otros productos marinos. Pese a ello, los corales están muriendo, debido a la contaminación, la sobrepesca, las enfermedades y, sobre todo, al incremento de la temperatura del agua, que acaba con las algas simbióticas de las que los pólipos dependen, y al aumento de la acidez, que dificulta construir exoesqueletos calizos. La Administración Nacional Oceánica y Atmosférica (NOAA) de Estados Unidos escribió en 2010: «El declive y pérdida de los arrecifes coralinos tiene impactos sociales, culturales, económicos y ecológicos que repercuten en las personas y comunidades de todo el mundo. Como "selvas tropicales del mar", los arrecifes proporcionan servicios económicos —puestos de trabajo, alimento y turismo— valorados al menos en 375.000 millones de dólares por año».

Cuando piensen en ostras y ostiones no imaginen solo un manjar, o el origen del nácar y las perlas. Cuando piensen en corales, no imaginen solo playas paradisiacas y peces de colores. Nos regalan mucho más.

10

GRACIAS A LOS ZORROS

(que siembran árboles y arbustos...)

Estamos tan acostumbrados a que la naturaleza funcione *como es debido* que hechos notables, por más que cotidianos, apenas nos llaman la atención. Salvo excepciones (como los retoños que brotan de estolones, rizomas o bulbos), todas las plantas, desde las malas hierbas que invaden los baldíos al diminuto aligustre que nos sorprende una mañana en el jardín, pasando por el pimpollo que de un verano a otro surge airoso en la ladera detrás de casa, han brotado de una semilla. Algo, o alguien, las ha sembrado, aunque raramente nos paramos a considerarlo. A menudo intento recrear mentalmente la aventura de alguno de esos renuevos, que comenzó con una flor polinizada, siguió con un fruto y más tarde fue una semilla, y me planteo cómo pudo tal simiente afortunada viajar hasta el lugar donde ha germinado y enraizado. ¿Quién y cuándo plantó el aligustre que ha surgido inesperadamente junto a mis rosales?

Hace casi cuarenta años, en el laboratorio de la Reserva Biológica de Doñana obtuvimos sin pretenderlo respuesta a alguna de esas preguntas. Jaime Rau, biólogo chileno de la Universidad de Osorno, había viajado a España con su esposa Angélica para hacer con nosotros su tesis doctoral. Investigaba sobre la ecología de los zorros del parque nacional y, entre otras cosas, recogía sus excretas para desmenuzarlas y averiguar lo que comían. Un día de otoño salió, mochila al hombro, hacia la zona noroeste de dunas y corrales y colectó un buen montón, guardando cada una en una bolsa de papel. Como estaban húmedas, pues era época de lluvias, dispuso las bolsas en una bandeja de plástico, que guardó en un armario con ánimo de que las muestras se secaran. Luego, a decir verdad, se le olvidaron. Tres meses más tarde, cuando lo recordó y buscó la bandeja, la encontró transformada en una almáciga portátil donde decenas de semillas habían devenido en minúsculas plantitas de sabina y algún enebro. Me avisó, fascinado, para que pudiera verlas. Por supuesto, ambos sabíamos que los zorros comían frutos de sabina y defecaban semillas con capacidad de germinar, pero constatarlo cuando menos lo esperábamos, a más de emocionante, nos recordó que los pícaros raposos no solo causan estragos entre perdices y gallinas, como sostiene su injusta fama, sino que también son fundamentales en los ecosistemas, entre otras cosas porque plantan arbustos y árboles creando paisajes. Claro que, como veremos, ni mucho menos son los únicos.

Dado que no pueden moverse, las plantas necesitan que lo hagan sus semillas (igual que ocurría con el polen, recordarán; ambos procesos guardan muchas analogías). Las razones son varias. Una de ellas, tal vez la principal, es conseguir acceso a lugares distantes de la planta madre en donde germinar y crecer. Solo así pueden muchos vegetales colonizar nuevas áreas y también, a menudo, evitar la endogamia (ya saben, el cruzamiento entre emparentados) y escapar de depredadores y patógenos, que suelen proliferar más donde las semillas se originan y abundan. Bajo la encina que deja caer bellotas maduras, por ejemplo, se reúnen ciervos, cabras, jabalíes, cerdos de pata negra, ratones de distintas especies, etc., a más de gorgojos y polillas ansiosas por depositar sus huevos en los frutos descuidados. Si, con todo, alguna bellota sortea esa presión, tal vez consiga germinar, mas con alta probabilidad el retoño será devorado por cualquiera de los visitantes, o tendrá que competir por la luz y otros recursos con su madre y los hermanos que nazcan en las cercanías. Por el contrario, si esa bellota es recogida por un arrendajo, acarreada en el pico a cien metros de distancia y escondida bajo la hojarasca a modo de despensa, tendrá muchas más probabilidades de sobrevivir, germinar y crecer, dando lugar a un nuevo chaparro. En definitiva, por el bien de sus descendientes, a cualquier planta productora de semillas le conviene que estas se alejen de ella. Sin el viaje o *diáspora* (que viene del griego antiguo y significa, precisamente, 'sembrar a distancia'; en botánica se llama *diáspora* a una unidad de dispersión o propágulo, esto es, a una semilla o espora y los tejidos que la acompañan) de las semillas no existirían bosques y sotos, las islas oceánicas estarían desnudas y los suelos de nuestras latitudes no habrían recuperado su cubierta vegetal tras el deshielo que siguió al final de las glaciaciones.

Las plantas han inventado muchos modos de facilitar el viaje de sus semillas. Algunas se las arreglan por sí solas, apenas necesitan a nadie, y a ese tipo de dispersión lo llamamos *autocoria* (del griego *autos = por sí mismo*, y *choros = lugar* o *región*). Dentro de las plantas autócoras llaman la atención, por fascinantes, las que se las ingenian para lanzar sus diásporas a distancia, procedimiento para el que se emplea la expresión *dispersión balística*. Se dice del pepinillo del diablo que es una planta explosiva, pues el fruto se desprende del pedúnculo al menor roce y por la abertura, con un estallido repentino, salen a presión las semillas, desperdigadas varios metros a la redonda (a veces, al pisar inadvertidamente uno de estos pepinillos, las semillas te golpean con cierta violencia en la cara). Otras flores frecuentes en los jardines llevan el nombre genérico de *Impa-*

tiens (impacientes) porque parecen estar anhelando que alguien o algo las roce para disparar sus granos. Lógicamente, las plantas que lanzan *proyectiles* necesitan mecanismos para generar la presión de la *detonación*. En el mastuerzo y la pata de vaca los frutos son vainas formadas por varias capas que se contraen diferencialmente, presionando las unas contra las otras hasta que en determinado momento se abren y las semillas saltan. El ecólogo Juan Malo, de la Universidad Autónoma de Madrid, pudo comprobarlo en un experimento con la escoba o retama negra (*Cytisus scoparius*), común en casi toda la península Ibérica, realizado en una azotea de su facultad en agosto, cuando se secan las vainas. Las pepitas eran proyectadas hasta siete metros en condiciones óptimas, aunque el promedio era de dos y medio. Hay otras especies, como ciertas secuoyas, que no generan por sí mismas una explosión, pero sí que liberan brusca y repentinamente sus propágulos cuando la piña se abre por efecto del fuego.

La autocoria no es muy común. Con más frecuencia las semillas disponen de estructuras anatómicas precisas para facilitar a un *vector* o agente externo, a modo de transportista, el trabajo de moverlas. Algunas lo confían a los meteoros (en sentido atmosférico), y en ese caso, puesto que el vector principal es el viento, hablamos de anemocoria (*anemos* es 'viento' en griego). Cuando niños, nos encantaba soplar los capítulos o flores compuestas cuajadas de los dientes de león para ver volar sus emplumados vilanos, y hoy disfruto viendo hacerlo a mis nietas. Los vilanos o papus son esos apéndices pilosos o plumosos, casi siempre blancos y muy livianos, que coronan los frutos de muchas especies de la familia de las Compuestas. Cada plumero, como un paracaídas, sostiene debajo un pequeño fruto, y cuando hay oportunidad se desprenden y alejan de la madre al albur de brisas, ventiscas... y soplidos infantiles. En otros casos, como ocurre con chopos y sauces, las diminutas semillas están envueltas en una especie de algodón (que a veces, erróneamente, consideramos polen) y también se desplazan arremolinadas en el aire. Otras semillas anemócoras de mayor tamaño, propias de árboles altos como olmos y fresnos, están provistas de alas membranosas, lo que les permite caer lentamente e incrementar así la posibilidad de alejarse. Técnicamente esos frutos se llaman sámaras y también gustan a los niños: ¿nunca han lanzado al aire sámaras de arce para verlas bajar dando vueltas *como un helicóptero*?

Ciertos frutos y semillas están específicamente diseñados para dispersarse por el agua (hidrocoria), incluso salada. Un ejemplo típico son los cocos, los frutos del cocotero (que como saben es una palmera). Los cocoteros están presentes en las playas tropicales de todo el mundo porque, al menos en cierta medida (los humanos hemos ayudado), hasta ellas han llegado, y continúan llegando, cocos trasladados por olas y corrientes marinas, que tras arribar germinan y enraízan en la arena. Para poder viajar miles de kilómetros por el mar, los cocos gozan de una sólida cubierta protectora, son estancos, resisten la salinidad, difícilmente se pudren y, además, la capa fibrosa que los recubre actúa como chaleco salvavidas y les permite flotar.

Sin duda deberíamos agradecer al viento y al agua que siembren plantas, pero ambos son vectores físicos, por importantes que resulten para la vida. Al empezar hablamos de zorros y arrendajos, y es que la mayor parte de los vectores de dispersión son de naturaleza biológica, son animales (zoocoria). Si salen al campo con un perro sabrán cuántos abrojos y espinos se le enredan en el pelo. Ni siquiera hace falta perro: paseando fuera de los caminos no pocas veces habrán regresado a casa con los calcetines, los cordones de las botas y los bajos del pantalón invadidos por esos abrojos, también llamados pegarropas, chavitos, cerca de Sevilla, y huizapoles en mi querida Baja California (México). Son propios de malas hierbas de poca altura y paisajes perturbados, y disponen de garfios, raspas, barbas, púas, arponcillos, o bien son pegajosos... En otras palabras, cuentan con mil y un inventos para engancharse al pelo (o la pluma) de cualquier animal que los roce siquiera. Y se adhieren tan firmemente que a algunos les recordaron otros encuentros: en el *Tesoro de los diccionarios históricos de la lengua española*, de la Real Academia, se recoge una voz generada, al parecer, en Canarias, pero utilizada asimismo en distintos países de América y Filipinas. Se trata de *amorseco*, escrita a veces de esta forma y otras separando los términos. En el diccionario que José Vieira y Clavijo, exponente de la ilustración canaria, hiciera público a principios del siglo XIX, lo define como «nombre que se da a diferentes plantas de nuestro país, porque se pegan fuertemente a la ropa, a la manera del "amor de hortelano" o de la "raspilla"». Diseminar semillas pegadas al cuerpo de un animal viajero es eficaz para mandarlas muy lejos, pues probablemente no caerán hasta que el hospedador mude el plumaje o el pelo, o bien se las quite con los dientes, el pico, o rascándose (las semillas adhesivas suelen ser pequeñas, evitando incomodar a quien las porta para favorecer un largo tiempo de retención). La vegetación de las islas de Cocos, a 1.540 km de Java, sugiere que hasta allí solo han llegado semillas capaces de viajar a merced de las olas o como polizones pegados al plumaje de aves marinas nómadas.

Pero no hace falta irse tan lejos para encontrar ejemplos de semillas glutinosas transportadas a distancia. Mi amigo Suso Garzón, que nos dejó antes de lo debido, surcó varias veces al frente de un gran rebaño de ovejas trashumantes el centro de Madrid, reivindicando el movimiento ganadero estacional entre las montañas del norte y las dehesas del sur (cuántas veces hemos cantado: «Ya se van los pastores a la Extremadura, ya se queda la sierra triste y oscura»). El doble viaje anual de pastores y rebaños era una tradicional y hermosa práctica, ciertamente, pero a Suso no le movían solo la belleza y las tradiciones, le importaban el camino (mantener las vías pecuarias) y el papel ecológico de las ovejas merinas andariegas. La trashumancia, solía explicar en charlas y entrevistas, es necesaria para conservar la biodiversidad. Las tropas de ovejas, cabras o vacas sustituyen hoy a las manadas migratorias de ungulados salvajes (ciervos, uros, caballos, cabras montesas...) que vivieron en la península Ibérica en el pasado. Como ellas, enriquecen el suelo pisándolo, lo fertilizan con sus excrementos, eliminan broza que podría arder y, cuando viajan, acarrean millones de semillas que acabarán en otros sitios, generando corredores ecológicos, recuperando pastizales e incrementando en ellos la diversidad genética. Los ecólogos Pablo Manzano y Juan Malo (ya mencionado) no solo comprobaron que las ovejas de Suso llevaban muchos abrojos y espiguillas agarrados a la lana, sino que hicieron un experimento para estimar durante cuánto tiempo lo hacían y a qué distancia los porteaban. Para ello colocaron manualmente en el vellón de cinco borregos trashumantes semillas pintadas de colores de cuatro especies: trébol abreojos, zanahoria silvestre, cebadilla y llantén. Lo hicieron en Coca (Segovia) un mes de noviembre, y siguieron al rebaño durante prácticamente un mes hasta su destino en Torrejón el Rubio (Cáceres), a 400 km. Al llegar, casi la mitad de las semillas de trébol (que eran las más adhesivas) y entre el 5 % y el 10 % de las de las otras especies aún persistían en las guedejas (muchas lo harían hasta el esquileo, meses más tarde). El propio Suso resumía: «Un rebaño con mil ovejas es una enorme máquina de sembrar y abonar; unos cinco millones de semillas y tres toneladas de estiércol son esparcidos cada día a través de diferentes ecosistemas».

Cinco millones son muchas semillas, dirán ustedes, pero es que ovejas y cabras, y los ungulados en general, no las transportan solo en el pelo, sino también en el interior de su aparato digestivo (como hacían, recordarán, los zorros con las sabinas). Volveremos a eso más adelante. Aquí cabe añadir que en algunos medios los propágulos no necesitan ganchos para sujetarse, les basta con esperar, por ejemplo en el barro, a quedar pegados junto a él en las patas de algún animal. Ocurre a menudo, como comprenderán, en las marismas y otros medios acuáticos, pero también en tierra firme en época de lluvias. En *El origen de las especies* Darwin contó que le habían enviado la pata de una perdiz que llevaba una gran bola de barro seco adherida; tras disgregarla, colocó la tierra resultante bajo una campana de vidrio y la regó, brotando de ella 82 plantas de cinco especies diferentes; el sabio se preguntaba: «¿Acaso podemos dudar de que las muchas aves arrastradas anualmente por los vendavales a través del océano, y las que migran anualmente —por ejemplo, los millones de codornices sobre el Mediterráneo—, transportan ocasionalmente semillas incrustadas en el barro seco adherido a sus patas?».

La dispersión de propágulos en el exterior del cuerpo de los animales se conoce como epizoocoria (*epi* = *sobre*, *encima*), y cuando ocurre en el interior se llama endozoocoria (*endo* = *dentro*). Hasta ahora hemos mencionado ejemplos de acarreo pasivo, pues el protagonista (sea ave marina, oveja o pantalón de caminante) acarrea la carga generalmente sin enterarse y, por supuesto, sin mediar decisión por su parte. Otras plantas han optado por una estrategia diferente, que insinuamos al invocar al arrendajo. Producen casi de golpe numerosos frutos muy nutritivos, capaces de convocar a diferentes animales; algunos de estos, ante la imposibilidad de consumir tanta comida en poco tiempo, mueven a distancia parte de ellos y los ocultan, con objeto de ingerirlos en tiempo de vacas flacas (generalmente en invierno, al menos en latitudes altas). Algunos de dichos frutos, olvidados o extraviados, germinarán en su escondrijo, dando lugar a nuevos retoños.

Nueces, avellanas, bellotas, hayucos y almendras, entre otros frutos secos, son dispersados de esta manera. Suelen ser frutos que poseen una cáscara carnosa (como la nuez o la almendra) o una cúpula o capuchón (como la avellana o las bellotas), de las que se desprenden al madurar, cayendo al suelo. Allí los recolectan, entre otros ávidos consumidores, roedores y aves de la familia de los cuervos (como el propio arrendajo o las grajas), transportándolos de uno en uno y enterrándolos someramente en diferentes emplazamientos. Evidentemente, la planta paga por la colaboración un alto precio, pues muchos de esos frutos serán devorados, pero con los que sobreviven y germinan basta para perpetuar la estirpe. La cantidad de frutos secos que llegan a cosechar y encubrir los depredadores es asombrosa: un investigador inglés estimó, hace ya tiempo, que los 35 arrendajos que vivían en el bosque de Hainault soterraron 63.000 bellotas de roble en los diez días de máxima producción, y otros estudiosos en Bélgica calcularon que, en promedio, una ardilla escondía cada otoño alrededor de 2.500 bellotas y hayucos. Habitualmente son ocultados a poca profundidad y esparcidos en una amplia superficie, dificultando su detección por potenciales competidores. No obstante, a menudo son localizados y movidos a un nuevo escondrijo, no sabemos si por el mismo individuo o por otro, haciendo su devenir aún más apasionante.

Ramón Perea, investigador y buen amigo, dispuso en la sierra de Ayllón, al principio del otoño, 1.280 bellotas de roble melojo marcadas con una cinta amarilla a fin de estudiar cómo las recolectaban sus depredadores (y dispersantes) naturales. Con cámaras de vídeo automáticas, comprobó que solo los ratones de campo (*Apodemus sylvaticus*) recogieron bellotas, al menos los primeros días, sin que aparentemente les molestara la cinta de color. Únicamente 44 piezas (3,4 %) fueron consumidas *in situ*, siendo las restantes acarreadas a alguna distancia. De ellas, más de la cuarta parte se perdieron (o, dicho más correctamente, no fueron encontradas por los investigadores), en tanto el 13 % fueron depredadas y el 57 % localizadas, bien soterradas (cuatro de cada cinco), bien abandonadas en superficie. Muchas de ellas fueron movidas en noches sucesivas. Al final del otoño, el 20 % de las bellotas aún seguían escondidas, y una porción significativa de ellas había pasado por tres, cuatro o cinco escondrijos diferentes. Con un valor añadido: a más traslados, más alejado quedaba el fruto del roble madre (el máximo registrado fueron 132 metros). ¿Imaginan las vicisitudes por las que ha pasado un brinzal de roble antes de que lo veamos despuntar en el bosque, y la fortuna que ha precisado para conseguirlo?

Podríamos imaginar que las plantas requieren de animales más bien grandes para dispersar sus semillas, pero eso sería minusvalorar a las hormigas. Al menos 11.000 especies vegetales, y quizá más de 20.000, les confían a ellas el destino de sus descendientes. Probablemente todos nos hemos detenido alguna vez ante una larga columna de hormigas de camino a su hormiguero, y hemos observado que muchas portan briznas de hierba o granos, a veces más grandes que ellas, en sus mandíbulas. La fábula de la cigarra y la hormiga nos recuerda que recolectan alimento para el futuro, por tanto no garantizan, sino al contrario, el futuro de esas semillas. Sin embargo, las plantas adaptadas a la mirmecocoria (de *mirmex* = *hormiga*), es decir, dispersión de propágulos por hormigas, han inventado otro sistema; fabrican semillas poco apetitosas pero adhieren a ellas pequeños almacenes de grasas y proteínas que solemos llamar elaiosomas (*elaios = olivo* y *soma = cuerpo*; tal vez en castellano deberíamos usar oleosomas) y son muy atractivos para las hormigas. Estas transportan al nido conjuntamente la semilla y su prótesis oleosa, pero consumen solo la última y abandonan la primera en condiciones de germinar. La distancia de alejamiento por las hormigas suele ser pequeña, entre 0,3 metros (las hormigas más chicas) y 10 metros (las mayores), y habitualmente las plantas que se sirven de este sistema para difundir su prole son de pequeño tamaño.

El sistema de dispersión más estudiado es, con mucho, la endozoocoria, es decir, el transporte de semillas en el interior del aparato digestivo de ciertos animales. Usualmente, estos comen frutos en un lugar y liberan las semillas, en ocasiones vomitándolas pero más comúnmente defecándolas, en un punto diferente. Los dos protagonistas de la historia, planta y animal, sacan provecho de su interacción. La primera consigue alejar de ella las semillas, con todo lo que implica, y el segundo recibe alimento a cambio de efectuar el transporte. De alguna forma, una y otro colaboran a ciegas para conseguir sus respectivos objetivos. Por eso este tipo de relación, como ocurría con la polinización (ver «Gracias a los escarabajos») o la formación de micorrizas («Gracias a los hongos»), se considera mutualista. Dijimos en su momento que las flores coloreadas y aromáticas eran un invento evolutivo de las plantas para atraer a los insectos y otros polinizadores; de igual manera, los frutos carnosos, dulces y fragantes de muchas plantas son una añagaza evolutiva para conquistar por el estómago a los diseminadores de sus semillas (también la hierba lo es; en los cagajones de burros y caballos pueden verse granos que han sobrevivido a la digestión, sobre los que picotean a menudo los gorriones).

Ahora podemos regresar a los zorros de Jaime Rau, con los que empezamos el capítulo. Ya he contado que aquello ocurrió hace cuatro décadas, cuando éramos bastante inexpertos y faltaban metodologías hoy disponibles (fundamentalmente, las técnicas moleculares). No obstante, sabíamos aproximadamente la densidad de zorros que había en la Reserva Biológica de Doñana y cuánto se movían, pues otro visitante (también Jaime, el mexicano Jaime Servín) había marcado unos pocos ejemplares con radioemisores. Además, hicimos pruebas con animales cautivos para comprobar cuántas veces defecaban al día, en promedio, los zorros alimentados con fruta. Integrando todo ello con los resultados de los análisis de las cacas recogidas en el campo, Jaime Rau concluyó que en las 2.400 hectáreas de dunas y corrales de la Reserva los zorros habían movilizado, en cuatro meses de otoño-invierno, unos tres millones de semillas de sabina (no contabilizó las decenas de miles de semillas de otras plantas).

Ahora bien, para que la dispersión de semillas sea efectiva no cuenta solo la cantidad movilizada, sino también la calidad del tratamiento recibido, que integra varios componentes. Es importante que las semillas pasen intactas por el tubo digestivo, cuestión que depende de los pares de especies involucradas (semillas que probablemente serán destrozadas por las muelas de un jabalí pueden ser defecadas intactas por un tejón, por ejemplo). En Doñana, donde hemos trabajado mucho sobre este tema dirigidos por Cani (José María) Fedriani, sabemos, por ejemplo, que mientras zorros y tejones suelen funcionar como dispersantes legítimos de acebuches, camarinas, mirtos, enebros, sabinas, zarzamoras y palmitos, entre otros arbustos, los ciervos y gamos destrozan la mayoría de los propágulos de estas especies, y los jabalíes y conejos tienen un papel intermedio. Un segundo asunto es la capacidad de germinar de las semillas defecadas indemnes, que también varía con las especies implicadas. Pero en general se ha detectado, por un lado, que no hay germinación si no se rompe el fruto (la pulpa es inhibidora), y por otro que la digestión suele ser neutra o favorecer la activación de las semillas, pues los ácidos gastrointestinales debilitan su cubierta. Un tercer factor a tener en cuenta es la forma y el lugar en el que se depositan las heces; algunos animales forman letrinas, y esa acumulación no ayuda a las semillas a germinar y crecer, pues se genera gran competencia entre ellas. En otras ocasiones los lugares de defecación son desfavorables para que la planta recién nacida arraigue, de modo que a efectos ecológicos la diseminación resulta fallida (también puede ocurrir todo lo contrario, que las semillas sean depositadas en lugares especialmente favorables). Y a veces, también, las pepitas quedan demasiado expuestas a depredadores, como los gorgojos. Solo cabe asegurar que la diáspora de las semillas es una aventura procelosa y compleja.

Los mamíferos distan de ser los principales dispersores de semillas endozoócoras. El elenco es muy variado. Tal vez les sorprenda saber que muchas semillas viajan en el interior de los peces. En la cuenca amazónica, grandes parcelas de selva baja permanecen inundadas muchos meses al año. Numerosos árboles de estos ecosistemas producen sus frutos, que inevitablemente caen al agua, en la época de inundación. La mayor parte de ellos poseen cubiertas acorchadas, u otro tipo de inventos, que garantizan su flotabilidad durante algún tiempo, y antes o después acaban siendo devorados por peces. Durante años he viajado con amigos, por razones de trabajo, a Manaos (Brasil), donde el río Negro desemboca en el Solimões formando el Amazonas, y uno de nuestros pasatiempos favoritos en la ciudad era visitar el mercado; la abundancia y diversidad de pescados a la venta, muy superior a los de nuestras pescaderías, y sus llamativos aspectos y tamaños, nos deslumbraban. Muchos de esos peces diseminan semillas. El poderoso tambaquí o pacú (*Colossoma macropomum*), uno de los pescados más consumidos en la región (hoy se cultiva), se nutre casi exclusivamente de frutos en la época de inundación; los ejemplares *pequeños* (tildando de tales a los de menos de 5 kilos) destrozan muchas semillas con sus poderosas mandíbulas, pero los mayores de 10 kilos las tragan y defecan intactas. Otro tanto hacen muchos peces gato (Siluriformes) de distintas especies y tamaños. Incluso ciertas pirañas son buenas dispersoras de granos. Las semillas defecadas por los peces caen al fondo del agua estancada, donde la escasez de oxígeno estimula su germinación; cuando finaliza la inundación, las plantitas despuntan. El transporte de propágulos en el interior de peces (ictiocoria) no es exclusivo de las llanuras de inundación tropicales, aunque tenga más importancia relativa allí; cerca de 300 especies de peces son conocidas por comer frutos y esparcir semillas al menos ocasionalmente, y entre ellas figuran los familiares barbos y carpas.

Los mayores dispersantes, con todo, se cuentan entre las aves. Se estima que más de cuatro mil especies de aves consumen frutos con mayor o menor frecuencia y podrían dispersar propágulos, generalmente defecándolos. El brillante ornitólogo inglés David Snow fue uno de los primeros en sugerir que tanto la producción de frutos como su apariencia y su valor nutricional habían sido *diseñados* inconscientemente a lo largo de la evolución para atraer al mayor número y variedad posibles de diseminadores de semillas. El acre olor a ginebra de los frutos de enebro no sería ajeno a la atracción que ejercen sobre los zorros, y el color rojo de los frutos del acebo tal vez influya en su capacidad para seducir a los zorzales. Asimismo, en el hemisferio norte la época de producción de frutos por numerosos árboles y arbustos tiende a sincronizarse con la abundancia de las aves migratorias que se alimentan de ellos (como si la planta pensara: «¿Para qué producir frutos cuando nadie los va a comer?»). Carlos Herrera y Pedro Jordano probaron hace muchos años en Cazorla que gran parte de la cosecha de algunas especies, como los cerecinos, era cosechada por los pájaros invernantes, desde currucas a colirrojos. Y hablando de invernada, si previamente enfatizamos el papel de las ovejas trashumantes transportando semillas a larga distancia, aún es mayor el de las aves migratorias. Mis jóvenes compañeros Duarte Viana y Laura Gangoso analizaron el contenido estomacal de pajarillos migrantes capturados por halcones de Eleonor en pequeñas islas de Canarias, y encontraron que una parte de ellos, pequeña pero significativa (teniendo en cuenta que muchos millones de ejemplares viajan cada año), contenían semillas que habían sido ingeridas lejos del archipiélago (probablemente en la península ibérica o Marruecos).

Aparte de las aves, los mamíferos son muy relevantes dispersando semillas. No tanto los mencionados zorros y tejones, que comen de todo pero pertenecen al grupo de los carnívoros (como las garduñas, los osos y las ginetas, también consumidores de frutos), sino principalmente los quirópteros (murciélagos) frugívoros y los primates. Alrededor de 300 especies de murciélagos tropicales se alimentan, principal o exclusivamente, de fruta. Algunos de ellos, restringidos al continente americano, pertenecen a un grupo llamado *murciélagos con hocico de hoja* (por una protuberancia lanceolada sobre la nariz, que usan para la ecolocación), que incluye especies con hábitos muy variados, desde frugívoros, como hemos dicho, a insectívoros, nectarívoros, hematófagos (vampiros) y cazadores de vertebrados. Otros, llamados zorros voladores, ocupan el Viejo Mundo e ingieren únicamente plantas (frutos, casi todos, o néctar), y en el caso de algunas especies alcanzan o superan el kilo de peso (ver «Gracias a los murciélagos»). Los quirópteros diseminan cientos de especies de plantas, habitualmente distintas de las dispersadas por las aves, pero además defecan muchas semillas en vuelo, de camino a los dormideros desde los puntos de alimentación, posibilitando así la regeneración del bosque en áreas perturbadas que difícilmente se poblarían de otra manera; de hecho, especies de árboles adaptadas a la dispersión por quirópteros, como los guarumos (*Cecropia* spp.), son habitualmente de los primeros en brotar en los baldíos. Por otra parte, los murciélagos solo tragan y dispersan al defecar semillas relativamente pequeñas, de apenas medio centímetro, aunque a veces transportan y dejan caer mientras comen otras mayores.

También los primates (monos, en el sentido más amplio) escupen algunas semillas mientras comen, a veces separados del árbol del que obtuvieron los frutos, que transportan en la boca o las manos, y tragan y defecan otras, alejándolas por lo regular trechos mayores. Por ejemplo, en monos aulladores se han estimado distancias máximas de dispersión endozoócora de entre medio y un kilómetro, y en chimpancés de hasta tres kilómetros, siendo habituales unos cientos de metros en especies más pequeñas. Los monos son abundantes a más de grandes en relación con las aves y los murciélagos, así que su biomasa (groseramente, el peso total) en las selvas tropicales representa entre el 25 % y el 40 % de la conjunta de todos los frugívoros. Ello implica una capacidad muy elevada de transportar semillas. Un estudio realizado en Borneo por Kim McConkey mostró que los gibones dispersaban al menos el 81 % de las especies cuyos frutos consumían, y rompían las semillas del 12 %. En promedio, un grupo de gibones movilizaba en un año un mínimo de 16.400 semillas por kilómetro cuadrado, redundando meses después en el nacimiento de 13 plantones por hectárea. Cabe señalar que nuestra especie, el primate humano, también defeca intactas semillas que o no masticamos bien o tragamos inadvertidamente; mi director de tesis y primer defensor de Doñana, José Antonio Valverde, que era un científico muy imaginativo, estaba convencido de que la idea de cultivar se les ocurrió a las hembras humanas observando cómo crecían plantas de las cacas depositadas por la familia en el *patio trasero* de los asentamientos.

Más de la mitad de las especies vegetales en climas templados, y hasta el 80% o 90% en zonas tropicales, son dispersadas por animales, fundamentalmente vertebrados. Dependen de ellos para sobrevivir a largo plazo. Cuantificar económicamente este trabajo de sembrado global es prácticamente imposible, pues siempre nos quedaríamos cortos. Además, resulta difícil incluso aproximarlo, pues, como hemos visto, es muy variable, ocurre a distancia (por definición), numerosos intentos se pierden por el camino y el éxito solo puede medirse a largo plazo: requiere años saber si el hueso de cerezo silvestre defecado por un zorro, y más tarde germinado, llegará a producir algún día nuevas cerezas. Hemos de hablar por tanto con generalidades. Decir, por ejemplo, que muchas especies madereras, árboles frutales y plantas medicinales acabarán faltando si lo hacen los animales que transportan sus semillas. Y también se empobrecerán los paisajes. Y lo harán los bosques que secuestran carbono, controlan la erosión, retienen agua, etc. Un estudio reciente ha sugerido que la defaunación por acciones antropogénicas en los últimos milenios se ha traducido ya en una pérdida del 60% del servicio de dispersión, algo especialmente grave cuando la vegetación se enfrenta al desafío del cambio climático, que la está forzando a *moverse*...

Salvo excepciones, cada especie de planta es dispersada por distintos animales y cada animal, a su vez, dispersa muchas especies de plantas; son nudos en una compleja red de millones de interacciones, como las redes de flores y polinizadores o, bajo el suelo, las de hongos y árboles conectados por micorrizas. Esas redes sostienen la vida sobre la Tierra, también la nuestra. Sobran razones para estar agradecidos a los zorros, los pájaros, los monos y los murciélagos que, comiendo frutos, llevan muchos milenios actuando, sin pretenderlo, como arquitectos paisajistas. Si faltaran ellos, como escribió el siglo pasado Kent Redford, por muchos árboles que luzca un bosque estará vacío y será, en consecuencia, un bosque condenado.

¡Ah, lo olvidaba! He llegado a la conclusión, indemostrable, de que fue un mirlo el que plantó el aligustre de mi jardín.

11

EPÍLOGO: GRACIAS A LA VIDA

(que nos da tanto...)

Quienes hayan leído hasta aquí podrán acusarme, no sin motivo, de haber hecho trampas en mi argumentación: «Usted nos dice, por un lado, que demos gracias a los microbios, y por otro que afortunadamente hongos y malas hierbas han inventado los remedios para matarlos; también que necesitamos a los insectos, pero a la vez que agradezcamos que los murciélagos se los comen. Brinda muchos ejemplos así. ¿En qué quedamos? ¿O acaso existen microbios e insectos, biodiversidad, en definitiva, buena y mala, y deberíamos cuidar la una y erradicar la otra?». Entiendo su perplejidad. Si algunas cosas parecen contradictorias es culpa mía, por haber fragmentado la realidad para intentar contarla a trocitos. Ya les dije en la introducción que esta forma de acercarnos al tema era poco científica. Hemos revisado piezas sueltas, pero la importancia de la vida de la que formamos parte no se puede parcelar, ya que en esencia es un enorme conjunto de pesos y contrapesos entretejidos, que como resultado mantienen la biosfera en un equilibrio dinámico idóneo para nuestra especie (y las otras). Darwin nos hizo ver que todos los organismos intentan dejar tantos descendientes como puedan; de hecho, ahí radica la esencia de su teoría: no sobrevive el más apto, como suele decirse, salvo si entendemos por tal al capaz de producir más prole... que a su vez produzca nueva prole. De no ser porque el entorno físico y el resto de los seres vivos imponen límites (los contrapesos), la población más exitosa crecería y crecería hasta acabar con los recursos de todos, invadir el planeta y colmarlo de residuos. Piensen en la planta y el animal que más les gusten, los que les parezcan más útiles, el cacao del que obtenemos el chocolate, o la abeja de la miel, por ejemplo, e imaginen por un momento que carecieran de controles a su crecimiento poblacional; en poco tiempo dejaríamos de juzgarlos beneficiosos y los combatiríamos como peligrosas plagas (ver «Gracias a los murciélagos»). En definitiva, en un mundo amable nos hacen falta el cacao y las abejas, claro está, pero también todos los restantes organismos que les permiten vivir (microbios, hongos, lombrices, mosquitos polinizadores, flores, monos), que evitan que proliferen en exceso (pecaríes, abejarucos) y que reciclan sus desperdicios. Solo una especie ha aprendido a escapar de todas las limitaciones y su población crece sin freno, ocasionando graves problemas ambientales. ¿Adivinan cuál es?

A menudo, a lo largo del libro han aparecido acontecimientos ocurridos hace millones de años, pero que tienen trascendencia hoy. No es casualidad. La vida apareció sobre la Tierra hace más de tres mil quinientos millones de años, en formas que debían ser similares a bacterias muy primitivas. Seguramente, entre numerosos intentos de engarzar metabolismo y reproducción en un compartimento diferenciado alguno fraguó, y quizá varios hayan quedado por el camino. En todo caso, parece claro que en poco tiempo solo un linaje sobrevivió, pues todos los seres vivos actuales estamos emparentados, descendemos de un antepasado común que data de aquella época arcaica. Es característica de la vida la reproducción con errores, de forma que los descendientes de la prebacteria primordial no eran exactamente iguales entre sí. Sin duda, unos eran más eficaces que otros haciendo según qué cosas, y pronto comenzaron a diversificarse; a la vez, e inevitablemente, esos diferentes se relacionaban unos con otros; por fin, todos ellos intercambiaban materia y energía con el entorno (otra característica de la vida), y al hacerlo lo cambiaban. Podemos imaginar que con el tiempo surgieron organismos capaces de explotar distintos recursos químicos, los que se comían a otros, los que aprovechaban los detritus de los demás, los que fabricaban toxinas para controlar a los depredadores, etc. Las primitivas comunidades bacterianas se iban ensamblando en redes de interacciones que evolucionaban junto con su medio, y los distintos integrantes se tornaban dependientes entre sí y del conjunto. Desde entonces han pasado muchas cosas (el oxígeno inundó la atmósfera, surgieron hongos, animales y vegetales, hubo espectaculares extinciones masivas, apareció *Homo sapiens*, etc.), pero lo fundamental no ha cambiado: toda la biodiversidad, también nosotros, es resultado de procesos evolutivos y está conectada de múltiples formas; los unos comemos de los otros, los otros lo hacen de los residuos de los unos, en el mejor ejemplo de economía circular (nada surgido en la naturaleza sobra, todo se usa); así se limpian el aire y el agua, se crean y mantienen los paisajes, se generan belleza y bienestar. Es verdad que hay redundancia: muchos árboles diferentes, por ejemplo, captan carbono y liberan oxígeno, muchos insectos distintos polinizan flores y muchos hongos descomponen materia muerta, aunque por supuesto no haya dos iguales, cada uno lo haga a su manera. Esa reiteración en labores parecidas no implica que existan organismos innecesarios, sino que fortalece y refuerza las redes vivas, porque la complejidad proporciona firmeza y resiliencia. Los ocho, doce o quince millones de especies de seres vivos existentes, bacterias al margen, nos servimos de esa malla de seguridad ante la variabilidad ambiental. Eliminando especies, debilitando o rompiendo conexiones, ponemos en riesgo la estabilidad del conjunto, que puede pasar a otros estados de equilibrio con toda probabilidad inadecuados para nosotros.

Un buen ejemplo es el concepto *one health*, una única salud planetaria, surgido a comienzos de siglo pero muy reforzado desde la pandemia de COVID-19. La expresión, traducida habitualmente como 'una sola salud', da nombre a una idea difusa pero bien conocida desde hace tiempo: la salud humana, la sanidad animal y el buen estado de conservación de los ecosistemas (de los que humanos, animales y plantas somos integrantes) están vinculados, son interdependientes. Más específicamente, el planteamiento *One Health* pone el énfasis no tanto en curar las enfermedades como en prevenirlas, de ahí que considere que en lo tocante a salud humana no solo los médicos son importantes, sino también los veterinarios, los defensores de la naturaleza, los ganaderos y agricultores, los científicos del cambio global, etc. Una población humana creciente, invasora de todos los ámbitos, contacta cada vez más estrechamente con otras especies, tanto silvestres como domésticas, incrementando la probabilidad de contagio de enfermedades compartidas. Si hemos de hacer caso a la Organización Mundial de Sanidad Animal, un 60 % de las enfermedades infecciosas humanas tienen su origen en animales, porcentaje que se eleva al 75 % si nos referimos exclusivamente a las enfermedades infecciosas emergentes. Las poblaciones de animales silvestres acorraladas, o reducidas a tamaños mínimos, pierden capacidad de respuesta inmunitaria y tienen mayores probabilidades de enfermar y contagiarnos. Pero no se trata exclusivamente de zoonosis, por importantes que sean: la disponibilidad de agua limpia depende de la biodiversidad, la seguridad alimentaria depende de los polinizadores, la regulación del clima depende de los bosques, marismas y manglares... y el agua contaminada, la dieta inadecuada y las temperaturas disparatadas nos enferman. Fernando Valladares, uno de los ecólogos más lúcidos exponiendo los problemas a los que nos enfrentamos como especie, traslada habitualmente sus inquietudes y conocimientos a través de un espacio titulado, precisamente, *La salud de la humanidad* (<https://lasaluddelahumanidad.com/>). Junto con Xiomara Cantera y Adrián Escudero escribió un librito titulado *La salud planetaria*, donde exponen: «La biodiversidad es clave para que los ecosistemas funcionen, y de su conservación y su dinámica natural dependen la integridad ecológica de la biosfera y la nuestra propia. Parece que hayamos decidido ignorar la fuente última de nuestra salud [...]. Evitar el colapso requiere disminuir nuestra huella ambiental y recuperar la salud planetaria» (por responsabilidad, debo mencionar aquí de nuevo el riesgo creciente y grave para la humanidad de las bacterias ultrarresistentes, derivadas en gran medida del abuso, incluso con fines preventivos o de ganancia de peso, de productos antimicrobianos en la gestión ganadera).

Además de evitar enfermarnos, la vida que nos rodea y acoge también nos cura, hasta el punto de que cada vez más médicos *recetan* el contacto con la naturaleza para problemas relacionados con la bonanza física y mental. En 2021 se publicó un estudio basado en más de 16.000 encuestas a individuos de 18 países; su conclusión fue que las personas que vivían en zonas más *verdes* (bosques y praderas) o *azules* (riberas marinas, lacustres y fluviales) mostraban mayor bienestar general y tenían menos problemas de ansiedad o angustia. El mismo año apareció otro con más de 26.000 cuestionarios respondidos en 26 países europeos con un hallazgo curioso: existía una relación estrecha, tan importante como la que marcaba la renta, entre la diversidad de aves en un país y la felicidad de la gente. Existen muchas investigaciones en esa línea, mostrando que, en general, las personas en contacto con la naturaleza usan menos ansiolíticos, analgésicos y productos para bajar la tensión y controlar el asma. Hace ya muchos años leí con simpatía, también, que los motines son más frecuentes y violentos en cárceles en entornos urbanos que en las situadas en el campo o la costa, y que las convalecencias posquirúrgicas se prolongan menos tiempo en hospitales enclavados en entornos verdes. «Incluso unos pocos minutos al aire libre pueden mejorar el estado de ánimo y la función cognitiva», afirma la médica y psicóloga Eileen Anderson, añadiendo: «Es particularmente prometedor lo dinámico que es el impacto del aire libre en nuestro cerebro». Sin duda, nuestra propensión a hacernos acompañar por plantas vivas en casa, e incluso a usar como decoración pinturas de flores o paisajes, no es ajena a todo ello. Edward Wilson llamó biofilia a esa tendencia innata en los humanos a conectar con el mundo natural y con las distintas formas de vida.

Podría haber detallado muchas de estas cosas a lo largo del libro, pero ya es demasiado extenso. De hecho, hemos recorrido a base de ejemplos algunas de las prestaciones de la naturaleza, en gran medida irremplazables, pero las existentes son muchas más, como también advertí en el preámbulo. Sandra M. Díaz, la argentina que ha coliderado durante años el Panel Intergubernamental para la Biodiversidad y los Servicios Ecosistémicos (IPBES), ganadora en 2019 del Premio Princesa de Asturias de Investigación Científica y Técnica, ha resumido junto con otros colegas las contribuciones de la naturaleza en 18 categorías agrupadas en tres grupos parcialmente superpuestos: 1. Fundamentalmente materiales, que son elementos de la naturaleza usados directamente por las personas, como alimentos, agua, materiales de construcción, medicamentos, combustible, fibras y tejidos, etc. 2. Básicamente inmateriales, que incluyen efectos de la naturaleza más subjetivos ligados a la psicología y muy dependientes de la cultura (no todas las personas viven en ciudades del mundo desarrollado), pero que tienen un efecto fuerte sobre la calidad de vida; por ejemplo, a través del placer, la inspiración, el sentimiento religioso, el sentido de pertenencia, la cohesión social, etc. 3. Contribuciones reguladoras, que son los aspectos funcionales y estructurales de los organismos y los ecosistemas que hacen posible la génesis de otras contribuciones, como la depuración del aire y el agua, la regulación del clima, la creación y mantenimiento de suelo fértil, la polinización, etc.

Adelanté que no he concedido atención, o apenas, a algunos aspectos demasiado evidentes incluidos entre las contribuciones materiales, como la fabricación por la naturaleza de productos, bien llamados naturales, que utilizamos sin apenas transformación: alimentos de origen animal y vegetal, especias, forrajes para el ganado, guano como fertilizante, madera y papel, fibras diversas, leña y otros biocombustibles, cosméticos, perfumes, aceites industriales, caucho, etc. Sí que hemos considerado algunas tareas relevantes como la detoxificación y renovación de la fertilidad del suelo, pero no tanto otras que igualmente lo merecían, como la depuración del aire y el agua. Hablamos de los depósitos de carbono, que ayudan a controlar el clima, y de las ostras, que limitan la erosión, pero menos del papel de la vegetación en la estabilización del ciclo hidrológico y la consiguiente mitigación de avenidas e inundaciones. Y apenas nada dijimos (pero recuerden los hongos sagrados mexicanos, los buitres de los parsis y la recién mencionada biofilia, por ejemplo) de los aspectos inmateriales, tal vez más difusos y subjetivos pero muy relevantes, como son el valor estético de plantas, hongos y animales, su trascendencia cultural, su papel como fuente de inspiración e instrumento de cohesión social, el efecto psicológico, el beneficio que suponen para la ciencia, etc. Fueron las flores, mucho antes de que los humanos existiéramos, quienes descubrieron la belleza de los olores y los colores (Elias Canetti: «Sólo por los colores ya valdría la pena vivir eternamente»), y otro tanto hicieron las aves con la armonía (Neruda llamó a los pájaros «inventores azules de la música»). Y aún quedan, cuando menos, un par de cosas más: por un lado, la biodiversidad tiene un potencial de futuro, debemos conservarla porque no sabemos para qué nos hará falta, qué opciones y oportunidades nos reserva; por otro, tiene un valor intrínseco que deriva del mero hecho de existir; no debería ser necesario demostrar su utilidad para cuidarla.

Precisamente por ello es incómodo tratar de calibrar el rol de la biodiversidad en términos monetarios, aunque en algunos capítulos lo hayamos hecho. También lo sugerí al comenzar el libro: la naturaleza tiene un valor en sí misma, porque el dinero no es la medida de todas las cosas, ¿cómo cuantificar en euros la belleza, el bienestar, el clima amable, el sentido de pertenencia, el consuelo que ofrecen a muchos pueblos los bosques, plantas y animales sagrados? No obstante, puesto que los políticos neoliberales tienden a asumir las normas del libre mercado como guía de actuación, y los economistas ortodoxos juzgan que el precio refleja correctamente las preferencias de la gente, a menudo los naturalistas cedemos en nuestros principios y consideramos pragmático, como la menos mala de las alternativas en el mundo *que parece real*, asignar un justiprecio pecuniario a las contribuciones de la naturaleza. Uno de los primeros y más conocidos estudios lo llevó a cabo Robert Constanza, junto con un nutrido grupo de colaboradores, a finales del siglo xx; estimaron paso a paso el valor económico de 17 servicios ecosistémicos y lo extrapolaron al conjunto de la biosfera, concluyendo que en promedio aportaban, como mínimo, 33 billones de dólares (unos 62 billones de hoy; otras estimaciones lo doblan) cada año. La cifra era del mismo orden de magnitud, aunque estaba por encima, del Producto Global Bruto. Aquel trabajo fue muy criticado (incluso por sus autores, años después), pero enormemente influyente, pues puso sobre la mesa, negro sobre blanco, que conservar la biodiversidad era mucho más importante para la humanidad de lo que la economía tradicional solía juzgar. Desde entonces se ha avanzado mucho por este camino, aunque evitando, en general, asignar cantidades concretas a las prestaciones globales, por ser confuso ya de partida. El cambio fundamental se refiere a la relación entre economía y ecología: la economía clásica daba por hecho que la humanidad y el medio ambiente eran una parte de su mundo y tenían que ajustarse a sus reglas; hoy los economistas más preclaros constatan que ocurre exactamente lo contrario: la economía forma parte de la naturaleza y debe regirse por las normas de la ecología. Así lo señala, por ejemplo, el economista británico Partha Dasgupta, que en 2021 publicó, a solicitud del Gobierno de su país, un informe de referencia titulado *La economía de la biodiversidad*: «La solución pasa por comprender y aceptar una verdad sencilla: nuestras economías están integradas dentro de la naturaleza, no son externas a ella». Cualquiera es capaz de admitir que no cabe una ecología al margen de la física, una ecología que desprecie, por ejemplo, la ley de la gravedad o las leyes de la termodinámica; pues bien, tampoco tiene sentido una economía que ignore las leyes y limitaciones ecológicas.

En análisis de costes y beneficios muchos estudios muestran que tratar con respeto el ambiente es más rentable que destruirlo. Pero con una salvedad: a muy corto plazo, generalmente rinde más la destrucción. Por ejemplo, un bosque conservado alivia los rigores del clima, retiene agua, produce leña, setas, caza y frutos, alimenta el espíritu... pero cortándolo y vendiendo la madera se obtiene más dinero de golpe. Es pan para hoy y hambre para mañana, por supuesto, pero aquella vieja máxima parece habérsenos olvidado. Mi amigo Antonio López Lillo, ingeniero de montes, lleva años repitiendo que un árbol vale más por su sombra que por su madera. Otro buen ejemplo pueden ser los manglares; en Baja California no hay muchos manglares, y se destruyen para ubicar estanques donde criar camarones (langostinos); la granja produce dinero a corto plazo (luego se saliniza tanto que hay que cambiar de sitio), pero la pérdida del manglar, donde encuentran refugio los jóvenes peces, se traduce a medio y largo plazo en enormes pérdidas para los pescadores locales. Enric Sala, que trabaja para National Geographic, ha probado que una protección adecuada del 35 % de los océanos no solo conservaría la biodiversidad, sino que permitiría incrementar las capturas globales de pescado y además evitaría la liberación por los pesqueros de arrastre de mucho carbono acumulado en el fondo del mar. En una analogía brillante, el propio Sala invoca a Daniel Pauly, de la Universidad de la Columbia Británica, para expresar que la forma actual de gestionar el mundo se asemeja a una gigantesca estafa piramidal o esquema Ponzi: repartimos aparentes beneficios que en realidad no son tales, sino nuevo capital extraído reiteradamente de la naturaleza, respecto a la que generamos una deuda creciente; expoliamos a unos (la biodiversidad, los combustibles fósiles) para pagar a otros, pero cuando falten los recursos naturales todo el tinglado se derrumbará. Hablamos de generar riqueza, incluso medimos cuánta, pero lo cierto es que vivimos en un mundo cada vez más pobre. Claramente, el crecimiento económico a costa del medio ambiente no puede durar siempre, es insostenible. Hemos de adaptarnos cuanto antes a la época del poscrecimiento.

El informe de 2019 de la Plataforma Intergubernamental sobre Biodiversidad y Servicios de los Ecosistemas contiene varias afirmaciones preocupantes. Por ejemplo, que hasta un millón de especies se hallan en peligro de extinción, muchas de ellas en las próximas décadas, o que el 33 % de las poblaciones de peces marinos están en riesgo por sobrepesca y el 50 % de la superficie de arrecifes de coral vivos se ha perdido desde 1870. El propio presidente de IPBES, sir Robert Watson, resumió: «La salud de los ecosistemas de los que nosotros y todas las demás especies dependemos se está deteriorando más rápidamente que nunca [...]. Estamos erosionando los cimientos de nuestras economías, medios de subsistencia, seguridad alimentaria, salud y calidad de vida en todo el mundo». No es casualidad que los programas internacionales más ambiciosos y solidarios, como la incomprensiblemente denostada Agenda 2030 de las Naciones Unidas, contemplen la conservación de la biodiversidad terrestre y marina como un objetivo insoslayable, unido a, e inseparable de, otros tan nobles como el fin de la pobreza y el hambre, la salud y educación universales, la reducción de las desigualdades, la justicia y la paz.

En su famoso sermón de Navidad de 1967, poco antes de morir, Martin Luther King dijo: «Toda la vida está interrelacionada. Estamos atrapados en una red ineludible de reciprocidad, cosidos en un tejido único ante el destino. Lo que afecta a uno directamente, afecta a todos indirectamente». Como Violeta Parra, y casi simultáneamente, King se refería básicamente a las personas, pero bien podría haberlo hecho al conjunto de la biodiversidad, a todos los seres vivos. De hecho, se ha dicho de él que «ayudó a plantar las semillas de lo que se convertiría en el ahora próspero movimiento de justicia ambiental de Estados Unidos». Concluir que el destino de la especie humana está ligado al de las restantes especies vivas «en una red ineludible de reciprocidad», y por eso les debemos respeto y agradecimiento, es un buen resumen de este libro.

Cerraré volviendo a mi padre, Miguel Delibes, con el que empezamos. No sé si mis argumentos le habrían convencido, pero él advirtió hace ya medio siglo, en su discurso de ingreso en la Real Academia Española, del riesgo de «comer de lo vivo», de matar a la gallina de los huevos de oro: «Todo cuanto sea conservar el medio es progresar; todo lo que signifique alterarlo esencialmente, es retroceder». La naturaleza que nos rodea y acompaña merece la pena, nos hace falta, la disfrutamos. Confiemos en que la humanidad sortee el triste final de Violeta Parra y siga dando las gracias a la vida durante mucho tiempo.

AGRADECIMIENTOS

Ya el título del libro indica que mi principal agradecimiento es a la vida. Resulta difícil explicar cómo y cuánto puede disfrutarse observándola y aprendiendo de ella. También, maravillándose por el trabajo de los colegas que la estudian. Unos pocos están mencionados en las páginas que anteceden, y a todos, citados o no, les agradezco su esfuerzo por conocer la naturaleza un poco mejor. De ellos me he aprovechado, pues, como dijo un autor alemán y repetía Rodríguez de la Fuente, «he ordeñado muchas vacas, pero el queso que he hecho es mío». Desde la introducción me refiero a mi padre, el escritor Miguel Delibes; si hace veinte años él no hubiera dudado de la importancia de conservar la biodiversidad, nunca se me habría ocurrido escribir sobre ello. Pero además, en la confección del texto me ha ayudado y animado mi familia, desde Isabel a mis hijos y nietos. Comencé a trabajar sobre este libro en el confinamiento domiciliario por el COVID-19, y lo dejé tan pronto nos autorizaron a escapar de casa y salir al campo; si Emili Rosales, editor de Destino, no me hubiera animado a retomarlo, quizá no lo hubiera hecho nunca. Mi hermano Germán ha leído varios capítulos y me ha orientado y aportado información. También Carmen Blázquez, sobre todo, y Ana Crespo. José Luis Postigo me ilustró sobre los múltiples productos inspirados en los abrojos vegetales, pero no encontré espacio para introducirlo en el texto. La familia Pérez de Ayala ha autorizado reproducir una foto del recordado José María. Martina Torrades y María García, por fin, también de Destino, han facilitado las cosas para poner el difícil punto final.

BIBLIOGRAFÍA[1]

A modo de justificación

Parra, V., *Gracias a la vida*, letra disponible en: <https://www.letras.com/parra-violeta/30183/>.

—, *Gracias a la vida*, canción (con letra) disponible en: <https://www.youtube.com/watch?v=oXr8L6Pkaeg>.

Delibes, M., y Delibes de Castro, M., *La Tierra herida*, Destino, Barcelona, 2005.

Reid, W. V., Mooney, H. A., Cropper, A. *et al.*, *Millennium Ecosystem Assessment. Ecosystems and Human Well-being: Synthesis*, Island Press, Washington D. C., 2005.

Gracias a las malas hierbas

Grand, B., «Historia del descubrimiento de los agentes antitrombóticos clásicos: aspirina, heparina y anticoagulantes orales.

1. Evidentemente, no he intentado ser exhaustivo, sino presentar las principales referencias mencionadas en el texto y otras obras significativas. Se ha procurado incluir textos y versiones disponibles en castellano. Bastantes referencias son útiles en más de un capítulo (por ejemplo, el libro de Daily de 1997 o el de Goulson de 2023), pero se han mencionado solo una vez. En los libros traducidos se recoge la fecha de su publicación en español, de ahí que, por ejemplo, se cite a Darwin en el siglo XXI.

Una serendipia con perseverancia», *Hematología*, 22 (2018), pp. 95-102.

Maixner, F., Turaev, D., Cazenave-Gassiot, A., Janko, M., Krause-Kyora, B., Hoopmann, M. R., ..., y Zink, A., «The Iceman's Last Meal Consisted of Fat, Wild Meat, and Cereals», *Current Biology*, 28 (14) (2018), pp. 2348-2355.

Olivera, B. M., Rivier, J., Clark, C., Ramilo, C. A., Corpuz, G. P., Abogadie, F. C., ..., y Cruz, L. J., «Diversity of Conus Neuropeptides», *Science*, 249 (4966) (1990), pp. 257-263.

Chivian, E., y Bernstein, A., *Preservar la vida: de cómo nuestra salud depende de la biodiversidad*, Fondo de Cultura Económica, México D. F., 2015.

«American Chemical Society. Russell Marker y la industria mexicana de los esteroides», disponible en: <https://www.acs.org/education/whatischemistry/landmarks/historia-quimica/industria-mexicana-esteroides.html>.

Laumer, I. B., Rahman, A., Rahmaeti, T., Azhari, U., Hermansyah, Atmoko, S. S. U., y Schuppli, C., «Active Self-Treatment of A Facial Wound With A Biologically Active Plant By A Male Sumatran Orangutan», *Scientific Reports*, 14 (1) (2024), p. 8932.

Gracias a las lombrices

Darwin, C., *La formación del mantillo vegetal, por la acción de las lombrices, con observaciones sobre sus hábitos*, Los Libros de la Catarata, CSIC y UNAM, Madrid y México D. F., 2011.

Milner, R., *Diccionario de la evolución. La humanidad a la búsqueda de sus orígenes*, Biblograf, Barcelona, 1995.

Brown, G. G., Feller, C., Blanchart, E., Deleporte, P., y Chernyanskii, S. S., «With Darwin, Earthworms Turn Intelligent And Become Human Friends: The 7th International Symposium On Earthworm Ecology · Cardiff Wales · 2002», *Pedobiologia*, 47 (5-6) (2003), pp. 924-933.

Barrios, E., «Soil biota, ecosystem services and land productivity», *Ecological Economics*, 64 (2) (2007), pp. 269-285.

Coleman, D. C., Geisen, S., y Wall, D. H., «Soil Fauna: Occurrence, Biodiversity, and Roles in Ecosystem Function». En *Soil Microbiology, Ecology and Biochemistry*, Elsevier, 2024, pp. 131-159.

Ibáñez, J. J., «Efectos del laboreo sobre las lombrices de tierra (cómo labrar)», junto con otras entradas de interés, disponible en: <https://www.madrimasd.org/blogs/universo/2018/05/07/148896>.

Wolfe, D. W., *El subsuelo. Una historia natural de la vida subterránea*, Seix Barral, Barcelona, 2019.

Gracias a los hongos

Ruiz Herrera, J., *Viaje al asombroso mundo de los hongos*, Fondo de Cultura Económica, México D. F., 2008.

Sheldrake, M., *La red oculta de la vida. Cómo los hongos condicionan nuestro mundo, nuestra forma de pensar y nuestro futuro*, GeoPlaneta, Barcelona, 2020.

Casselman, A., «Strange But True: The Largest Organism On Earth Is a Fungus», *Scientific American*, 4 de octubre de 2007, disponible en: <https://www.scientificamerican.com/article/strange-but-true-largest-organism-is-fungus/>.

Ríos, A. M., y Cornelio, S. A. G., «¿ Hongos que comen piedras?», *Ecofronteras*, 2020, pp. 30-33.

Selosse, M.-A., «Micorrizas, la simbiosis que conquistó la tierra firme», *Investigación y Ciencia*, septiembre de 2019, pp. 37-43.

Selosse, M. A., y Rousset, F., «The Plant-Fungal Marketplace», *Science*, 333 (6044) (2011), pp. 828-829.

Villa Henao, M. D., y Cabrera Castillo, H. G., «Aportes del análisis de A. B. Frank para la enseñanza de las micorrizas», *Epistemología e Historia de la Ciencia*, 5 (2), pp. 20-41, disponible en: <https://revistas.unc.edu.ar/index.php/afjor/article/view/31853>.

Goytisolo, J. A., *Me lo decía mi abuelito*, cantado por Paco Ibáñez, disponible en: <https://www.youtube.com/watch?v=ZsIYq73CHDY>.

Benedetti, M. recita *De árbol a árbol*, disponible en <https://www.poesi.as/recimb86b08003.htm>.

Gracias a los buitres

Bracebridge, C., y Kendall, C., «Southern Tanzania Vulture Monitoring and Conservation. Annual Report 2020, North Carolina Zoo», disponible en: <https://www.nczoo.com/forms/wp-content/uploads/2022/07/NCZ_SouthernTanzaniaVultureProgram_AnnualReport_2020_Final.pdf>.

Ogada, D. L., Keesing, F., y Virani, M. Z., «Dropping Dead: Causes and Consequences of Vulture Population Declines Worldwide», *Annals of the New York Academy of Sciences*, 1249 (1) (2012), pp. 57-71.

Oaks, J. L., Gilbert, M., Virani, M. Z., Watson, R. T., Meteyer, C. U., Rideout, B. A., ..., y Ahmed Khan, A., «Diclofenac Residues As The Cause of Vulture Population Decline in Pakistan», *Nature*, 427 (6975) (2004), pp. 630-633.

Mediavilla, D., «Descubren el secreto de los buitres para poder comer carne putrefacta», *El País*, 24 de noviembre de 2014, disponible en: <https://elpais.com/elpais/2014/11/24/ciencia/1416851796_605885.html>.

Markandya, A., Taylor, T., Longo, A., Murty, M. N., Murty, S., y Dhavala, K., «Counting the cost of vulture decline — an appraisal of the human health and other benefits of vultures in India», *Ecological economics*, 67 (2) (2008), pp. 194-204.

Moleón, M., Sánchez-Zapata, J. A., Margalida, A., Carrete, M., Owen-Smith, N., y Donázar, J. A., «Humans and Scavengers: The Evolution of Interactions and Ecosystem Services», *BioScience*, 64 (5) (2014), pp. 394-403.

Gangoso, L., Agudo, R., Anadón, J. D., de la Riva, M., Suleyman, A. S., Porter, R., y Donázar, J. A., «Reinventing Mutualism Between Humans and Wild Fauna: Insights From Vultures As Ecosystem Services Providers», *Conservation Letters*, 6 (3) (2013), pp. 172-179.

Inger, R., Cox, D. T., Per, E., Norton, B. A., y Gaston, K. J., «Ecological Role of Vertebrate Scavengers in Urban Ecosystems in the UK», *Ecology and Evolution*, 6 (19) (2016), pp. 7015-7023.

Gracias a los microbios

Margulis, L., Dolan, M. F., y Guerrero, R., «The Chimeric Eukaryote: Origin of The Nucleus From The Karyomastigont in Amitochondriate Protists», *Proceedings of the National Academy of Sciences*, 97 (13) (2000), pp. 6954-6959.

Guerrero, R., Margulis, L., y Berlanga, M., «Symbiogenesis: the Holobiont as a Unit of Evolution», *International Microbiology*, 16 (3) (2013), pp. 133-143.

Imachi, H., Nobu, M. K., Nakahara, N., Morono, Y., Ogawara, M., Takaki, Y., ..., y Takai, K., «Isolation of an Archaeon at the

Prokaryote–Eukaryote Interface», *Nature*, 577 (7791) (2020), pp. 519-525.

Yong, E., *Yo contengo multitudes. Los microbios que nos habitan y una mayor visión de la vida*, Debate, Barcelona, 2017.

López-Goñi, I., *Microbiota. Los microbios de tu organismo*, Guadalmazán, Madrid, 2019.

Collen, A., *10% humanos. Por qué los microbios de tu cuerpo son la clave de tu salud y tu felicidad*, RBA, Barcelona, 2019.

Sender, R., Fuchs, S., y Milo, R., «Revised Estimates for the Number of Human and Bacteria Cells in the Body», *PLoS Biology*, 14 (8) (2016), e1002533.

De Filippo, C., Cavalieri, D., Di Paola, M., Ramazzotti, M., Poullet, J. B., Massart, S., ..., y Lionetti, P., «Impact of Diet in Shaping Gut Microbiota Revealed by a Comparative Study in Children from Europe and Rural Africa», *Proceedings of the National Academy of Sciences*, 107 (33) (2010), pp. 14691-14696.

Gracias a los escarabajos

Gottsberger, G., «Pollination and Evolution in Neotropical Annonaceae», *Plant Species Biology*, 14 (2) (1999), pp. 143-152.

Carvalheiro, L. G., Seymour, C. L., Veldtman, R., y Nicolson, S. W., «Pollination Services Decline with Distance from Natural Habitat Even in Biodiversity-Rich Areas», *Journal of Applied Ecology*, 47 (4) (2010), pp. 810-820.

Dainese, M., Martin, E. A., Aizen, M. A., Albrecht, M., Bartomeus, I., Bommarco, R., ..., y Steffan-Dewenter, I., «A Global Synthesis Reveals Biodiversity-Mediated Benefits for Crop Production», *Science Advances*, 5 (10) (2019), eaax0121.

Bartomeus, I., Park, M. G., Gibbs, J., Danforth, B. N., Lakso, A. N., y Winfree, R., «Biodiversity Ensures Plant–Pollinator Phenological Synchrony Against Climate Change», *Ecology Letters*, 16 (11) (2013), pp. 1331-1338.

Hanley, N., Breeze, T. D., Ellis, C., y Goulson, D., «Measuring the Economic Value of Pollination Services: Principles, Evidence and Knowledge Gaps», *Ecosystem Services*, 14 (2015), pp. 124-132.

Ollerton, J., Winfree, R., y Tarrant, S., «How Many Flowering Plants Are Pollinated By Animals?», *Oikos*, 120 (3) (2011), pp. 321-326.

Jácome-Flores, M. E., Delibes, M., Wiegand, T., y Fedriani, J. M., «Spatio-Temporal Arrangement of *Chamaerops humilis* Inflorescences and Occupancy Patterns by its Nursery Pollinator, *Derelomus chamaeropsis*», *Annals of Botany*, 121 (3) (2018), pp. 471-482.
Goulson, D., *Una historia con aguijón. Mis aventuras con los abejorros*, Capitán Swing, Madrid, 2022.
—, *Planeta silencioso. Las consecuencias de un mundo sin insectos*, Crítica, Barcelona, 2023.
Milman, O., *La crisis de los insectos. La caída de los pequeños imperios que gobiernan el mundo*, Alianza Editorial, Madrid, 2024.
Lunde, M., *Historia de las abejas*, Siruela, Madrid, 2016.

Gracias al fitoplancton

Denning, S., «Amazon Fires Are Destructive, But They Aren't Depleting Earth's Oxygen Supply», *The Conversation*, 26 de agosto de 2019, disponible en: <https://theconversation.com/amazon-fires-are-destructive-but-they-arent-depleting-earths-oxygen-supply-122369>.
Witman, S., «World's Biggest Oxygen Producers Living in Swirling Ocean Waters», *EOS*, septiembre de 2017, disponible en: <https://eos.org/research-spotlights/worlds-biggest-oxygen-producers-living-in-swirling-ocean-waters>.
Pennisi, E., «Meet the Obscure Microbe That Influences Climate, Ocean Ecosystems, and Perhaps Even Evolution. Penny Chisholm Has Spent Decades Revealing The Secrets of the Marine Microbe *Prochlorococcus*», *Science*, 2017, disponible en: <https://www.science.org/content/article/meet-obscure-microbe-influences-climate-ocean-ecosystems-and-perhaps-even-evolution>, doi: 10.1126/science.aal0873.
Lenton, T. M., Dahl, T. W., Daines, S. J., Mills, B. J., Ozaki, K., Saltzman, M. R., y Porada, P., «Earliest land plants created modern levels of atmospheric oxygen», *Proceedings of the National Academy of Sciences*, 113 (35) (2016), pp. 9704-9709.
Cermeño Aínsa, P., *Las diatomeas y los bosques invisibles del océano*, CSIC y Los Libros de la Catarata, Madrid, 2020.
Duarte, C. M., Losada, I. J., Hendriks, I. E., Mazarrasa, I., y Marbà, N., «The Role of Coastal Plant Communities for climate Change Mitigation and Adaptation», *Nature Climate Change*, 3 (11) (2013), pp. 961-968.

Conservation International, COI-UNESCO y IUCN, «Carbono azul. Métodos para evaluar las existencias y los factores de emisión de carbono en manglares, marismas y pastos marinos», 2019, disponible en: <https://unesdoc.unesco.org/ark:/48223/pf0000372868_spa>.

Sampedro, J., «La transferencia de genes entre especies creó el mundo moderno», *El País*, 30 marzo de 2017, disponible en: <https://elpais.com/elpais/2017/03/30/ciencia/1490888659_146763.html>.

Soo, R. M., Hemp, J., Parks, D. H., Fischer, W. W., y Hugenholtz, P., «On the Origins of Oxygenic Photosynthesis and Aerobic Respiration in Cyanobacteria», *Science*, 355 (6332) (2017), pp. 1436-1440.

Kunzig, R., *La exploración del mar*, Editorial Laetoli, Pamplona, 2009.

Slobodkin, L. B., *A Citizen's Guide to Ecology*, Oxford University Press, Nueva York, 2003, disponible en: <https://doi.org/10.1093/oso/9780195162868.003.0001>.

Gracias a los murciélagos

Mestre, A., y Holt, R., «Enemigos naturales y biodiversidad. La espada de doble filo de las interacciones tróficas», *Mètode*, Universidad de Valencia, 2018, disponible en: <https://metode.es/revistas-metode/monograficos/enemigos-naturales-y-biodiversidad.html?_ga=2.159816125.1032215288.1715336052-1060197976.1715336052>.

Kasso, M., y Balakrishnan, M., «Ecological and Economic Importance of Bats (Order Chiroptera)», *Isrn Biodiversity*, 2013, pp. 1-9.

Boyles, J. G., Cryan, P. M., McCracken, G. F., y Kunz, T. H., «Economic Importance of Bats in Agriculture», *Science*, 332 (6025) (2011), pp. 41-42.

Juste Ballesta, J., Figueras Huerta, A., y Echevarría Mayo, J. E., «Los murciélagos, las otras víctimas del SARS-CoV-2», *The Conversation*, 21 de mayo de 2020, disponible en: <https://theconversation.com/los-murcielagos-las-otras-victimas-del-sars-cov-2-138870>.

Maine, J. J., y Boyles, J. G., «Bats Initiate Vital Agroecological Interactions in Corn», *Proceedings of the National Academy of Sciences*, 112 (40) (2015), pp. 12438-12443.

Flaquer, C., y Puig-Montserrat, X., *Humanos y murciélagos*, 2015 (documental producido por el Museo de Ciencias Naturales de Granollers).

Puig-Montserrat, X., Torre, I., López-Baucells, A., Guerrieri, E., Monti, M. M., Ràfols-García, R., ..., y Flaquer, C., «Pest Control Service Provided by Bats in Mediterranean Rice Paddies: Linking Agroecosystems Structure to Ecological Functions», *Mammalian Biology*, 80 (3) (2015), pp. 237-245.

Maloney, D., Drummond, F. A., y Alford, R., «Spider Predation in Agroecosystems: Can Spiders Effectively Control Pest Populations. Maine Agricultural and Forest Experiment Station», *Technical Bulletin*, 190 (agosto de 2003).

Paz, A., Jareño, D., Arroyo, L., Viñuela, J., Arroyo, B., Mougeot, F., ..., y Fargallo, J. A., «Avian Predators As A Biological Control System of Common Vole (*Microtus arvalis*) Populations in North-Western Spain: Experimental Set-Up and Preliminary Results», *Pest Management Science*, 69 (3) (2013), pp. 444-450.

Mols, C. M., y Visser, M. E., «Great Tits Can Reduce Caterpillar Damage In Apple Orchards», *Journal of Applied Ecology*, 39 (6) (2002), pp. 888-899.

Estes, J. A., *Serendipity: An ecologist's quest to understand nature*, University of California Press, Oakland, Estados Unidos, 2016.

Nature's Services: Societal Dependence on Natural Ecosystems (ed. Daily, G. C.), Island Press, Washington D. C., Estados Unidos, 1997.

Gracias a los ostiones y las ostras

Steinbeck, J., *La perla*, Edhasa, Barcelona, 2006.

Smaal, A. C., Ferreira, J. G., Grant, J., Petersen, J. K., y Strand, Ø., «Goods and Services of Marine Bivalves», *Springer Nature*, 2019.

Stetka, B., «By Land or by Sea: How Did Early Humans Access Key Brain-Building Nutrients?», *Scientific American Mind*, 27 (2016), p. 31.

Stewart, K. M., y Cunnane, S. C., «The Importance of Aquatic Foods and Environments for the Early Hominin Brain», *The Oxford Handbook of Island and Coastal Archaeology*, 2023, disponible en: <https://doi.org/10.1093/oxfordhb/9780197607770.013.7>.

Taborin, Y., *La parure en coquillage au Paléolithique*, XXIX suplemento de *Gallia Préhistoire*, CNRS, París, 1993.

Jordán, F., *El otro México. Biografía de Baja California*, Universidad Autónoma de Baja California, Mexicali, México, 1993.

Cariño, M., y Monteforte, M., «De la sobreexplotación a la sustentabilidad: Nácar y perlas en la historia mundial», *El periplo sustentable* (12) (2007), pp. 81-131.

Gutiérrez, J. L., Jones, C. G., Strayer, D. L., e Iribarne, O. O., «Mollusks as Ecosystem Engineers: the Role of Shell Production in Aquatic Habitats», *Oikos*, 101 (1) (2003), pp. 79-90.

Newell, R. I., «Ecological Changes in Chesapeake Bay: Are They the Result of Overharvesting the American Oyster, *Crassostrea virginica*», *Understanding the Estuary: Advances in Chesapeake Bay Research*, 129 (1988), pp. 536-546.

Appelbaum, A., «New York's Big Climate Plan Really Does Include Oysters», «Bloomberg Citylab», 2015, disponible en: <https://www.bloomberg.com/news/articles/2015-12-15/oysters-will-play-a-key-role-in-new-york-s-climate-plan>.

Rodríguez-Troncoso, A. P., y Tortolero-Langarica, J. D. J. A., «Corales: organismos base constructores de los ecosistemas arrecifales», *Investigaciones Costeras*, Universidad de Guadalajara, México, 2014, pp. 33-55.

Darwin, C., *La estructura y evolución de los arrecifes de coral*, Los Libros de la Catarata, Madrid, 2006.

Gracias a los zorros

Traveset, A., Heleno, R., y Nogales, M., «The Ecology of Seed Dispersal. In Seeds: the Ecology of Regeneration in Plant Communities», CABI Publishing, Wallingford, Reino Unido, 2014, pp. 62-93.

Rau Acuña, J. R., *Ecología del zorro,* Vulpes vulpes *(L.), en la Reserva Biológica de Doñana, SO de España*, tesis doctoral, Universidad de Sevilla, 1987.

Sorensen, A. E., «Seed Dispersal by Adhesion», *Annual Review of Ecology and Systematics*, 17 (1), pp. 443-463.

Horn, M. H., Correa, S. B., Parolin, P., Pollux, B. J. A., Anderson, J. T., Lucas, C., ..., y Goulding, M., «Seed Dispersal by Fishes in Tropical and Temperate Fresh Waters: the Growing Evidence», *Acta Oecologica*, 37 (6) (2011), pp. 561-577.

Fedriani, J. M., y Delibes, M., «¿Quién siembra los arbustos en Doñana?», *Quercus* 271 (2008), pp. 23-28.

Fedriani Laffitte, J. M., y Suárez Esteban, A., «Frutos, semillas, y mamíferos frugívoros: diversidad funcional de interacciones poco estudiadas», *Ecosistemas*, 24 (3) (2015), pp. 1-4.
Manzano, P., y Malo, J. E., «Extreme Long-Distance Seed Dispersal Via Sheep», *Frontiers in Ecology and the Environment*, 4 (5) (2006), pp. 244-248.
Perea, R., San Miguel, A., y Gil, L., «Acorn dispersal by rodents: the importance of re-dispersal and distance to shelter», *Basic and Applied Ecology*, 12 (5), 2001, pp. 432-439.
Malo, J. E., «Potential Ballistic Dispersal of *Cytisus scoparius* (Fabaceae) Seeds», *Australian Journal of Botany*, 52 (5) (2004), pp. 653-658.
Vander Wall, S. B., «The evolutionary ecology of nut dispersal», *The Botanical Review*, 67 (2001), pp. 74-117.
Herrera, C. M., y Jordano, P., «*Prunus mahaleb* and Birds: the High-Efficiency Seed Dispersal System of A Temperate Fruiting Tree», *Ecological monographs*, 51 (2) (1981), pp. 203-218.
Pérez-Méndez, N., Jordano, P., García, C., y Valido, A., «The signatures of Anthropocene defaunation: cascading effects of the seed dispersal collapse», *Scientific Reports*, 6 (1) (2016), p. 24820.
Viana, D. S., Gangoso, L., Bouten, W., y Figuerola, J., «Overseas Seed Dispersal by Migratory Birds», *Proceedings of the Royal Society B: Biological Sciences*, 283 (1822) (2016), pp. 2015-2406.
Horsley, T. W., Bicknell, J. E., Lim, B. K., y Ammerman, L. K., «Seed Dispersal by Frugivorous Bats in Central Guyana and a Description of Previously Unknown Plant-Animal Interactions», *Acta Chiropterologica*, 17 (2) (2015), pp. 331-336.
Russo, S. E., y Chapman, C. A., «Primate Seed Dispersal: Linking Behavioral Ecology with Forest Community Structure», *Primates in Perspective*, 2, pp. 523-534.

Epílogo

Valladares, F., Cantera, X., y Escudero, A., *La salud planetaria*, CSIC y Los Libros de la Catarata, Madrid, 2022.
Delibes, M., «El sentido del progreso desde mi obra», discurso de ingreso en la Real Academia Española, 1975.
Díaz, S., Pascual, U., Stenseke, M., Martín-López, B., Watson, R. T., Molnár, Z., ..., y Shirayama, Y., «Assessing Nature's Contributions To People», *Science*, 359 (6373) (2018), pp. 270-272.

Costanza, R., d'Arge, R., deGroot, R., Farber, S., Grasso, M., Hannon, B., Naeem, S., Limburg, K., Paruelo, J., O'Neill, R. V., Raskin, R., Sutton, P., y Van den Belt, M., «The value of the world's ecosystem services and natural capital», *Nature*, 387 (1997), pp. 253-260.

«Evaluación mundial de la IPBES sobre la diversidad biológica y los servicios de los ecosistemas», Plataforma Intergubernamental Científico-Normativa sobre Diversidad Biológica y Servicios de los Ecosistemas (IPBES), 2019, resumen disponible en: <https://zenodo.org/records/3826598>.

Methorst, J., Rehdanz, K., Mueller, T., Hansjürgens, B., Bonn, A., y Böhning-Gaese, K., «The Importance of Species Diversity for Human Well-Being in Europe», *Ecological Economics*, 181 (2021), p. 106917.

Dasgupta, P., «The Economics of Biodiversity: The Dasgupta Review. Abridged Version», 2021, disponible en: <https://assets.publishing.service.gov.uk/government/uploads/system/uploads/attachment_data/file/957292/Dasgupta_Review_-_Abridged_Version.pdf>.

Sala, E., *La naturaleza de la naturaleza. Por qué la necesitamos*, Ariel, Barcelona, 2022.